高等职业教育"十三五"规划教材

机械加工技术与应用实例

主　编　于　辉
副主编　刘华刚
参　编　黄为民　陈峥嵘　张　强
　　　　马金茹　靳　宇
主　审　甄雪松

U0379365

机械工业出版社

本书以原劳动和社会保障部《国家职业标准——车工》和《国家职业标准——铣工》为依据组织编写，涵盖金属切削原理与刀具、机床夹具、金属切削机床概论和机械制造工艺学等内容。全书由车工篇和铣工篇两大部分共十五章内容组成，主要包括车床、铣床操作的基本知识和典型型面及零件的加工实例分析。本书从职业能力培养的角度出发，遵循职业培训的规律，以职业标准为依据，以企业需求为导向，以职业能力为核心。

本书可供高等职业院校数控技术、机电一体化技术、机械制造及其自动化和模具设计与制造等专业的学生使用，也可供职业培训或相关技术人员参考。

图书在版编目（CIP）数据

机械加工技术与应用实例/于辉主编. —北京：机械工业出版社，2019.3

高等职业教育"十三五"规划教材

ISBN 978-7-111-62258-1

Ⅰ.①机… Ⅱ.①于… Ⅲ.①金属切削-高等职业教育-教材 Ⅳ.①TG506

中国版本图书馆 CIP 数据核字（2019）第 048982 号

机械工业出版社（北京市百万庄大街 22 号 邮政编码 100037）

策划编辑：王英杰 责任编辑：王英杰

责任校对：潘 蕊 封面设计：陈 沛

责任印制：孙 炜

北京中兴印刷有限公司印刷

2019 年 5 月第 1 版第 1 次印刷

184mm×260mm · 10 印张 · 243 千字

0001—1900 册

标准书号：ISBN 978-7-111-62258-1

定价：26.00 元

凡购本书，如有缺页、倒页、脱页，由本社发行部调换

电话服务 网络服务

服务咨询热线：010-88379833 机工官网：www.cmpbook.com

读者购书热线：010-68326294 机工官博：weibo.com/cmp1952

教育服务网：www.cmpedu.com

封面无防伪标均为盗版 金 书 网：www.golden-book.com

前　言

　　制造业是国民经济的支柱产业之一，是人们按照所要达到的目的，运用已掌握的知识和技能，通过手工或可以利用的客观工具与设备，采用有效的方法将原材料转化为有使用价值的产品并投放市场的全过程。而机械加工是实现产品制造的重要手段，因此，机械加工技术在发展生产、增加效益和更新产品等方面发挥着重要作用。

　　本书在编写时，以理论"必需"和"够用"为原则，以培养职业能力为核心，以实际应用为导向，建立以普通机床加工技术为基础的现代职业教育课程体系，面向高职院校加工制造类专业设置课程内容。本书内容主要包括普通车床、铣床加工的基本知识和加工工艺，刀具、量具的使用以及机床的操作与保养维护等知识。

　　本书可供高等职业院校数控技术、机电一体化技术、机械制造及其自动化和模具设计与制造等专业的学生使用，也可供职业培训或相关技术人员参考。

　　本书由于辉任主编，负责统筹全书，刘华刚任副主编，参加本书编写的还有黄为民、陈峥嵘、张强、马金茹和靳宇。在本书编写过程中，参考了许多兄弟院校的教案、教材，编者在此表示衷心的感谢。

　　由于时间仓促，加之编者水平有限，书中难免有疏漏和不妥之处，恳请读者不吝指教，以便进一步修改。

编　者

目 录

车工篇

车床是主要用车刀对旋转的工件进行车削加工的机床。车床主要用于加工轴、盘、套类和其他具有回转表面的工件，是机械制造和修配工厂中使用最广的一类机床。

车削加工是指在车床上利用刀具与工件做相对切削运动，改变毛坯的尺寸和形状等，使之成为零件的加工过程。车削加工是切削加工中最常用的一种加工方法，在机械加工中具有重要的地位和作用。

普通车床的加工对象广，主轴转速和进给量的调节范围大，其基本加工内容有车外圆、车端面、车槽、切断、钻中心孔、钻孔、车内孔、铰孔、车螺纹、车圆锥面、滚花、攻螺纹和绕弹簧等。如果在车床上装上一些附件和夹具，还可以进行镗削、磨削、研磨和抛光等加工。普通车床主要由工人手工操作，生产率低，适用于单件、小批量生产和修配车间。

第一章

普通车床结构和基本操作

一、常用车床结构简介

CA6140型车床是我国自行设计的普通卧式车床，其外形结构如图1-1所示。它由床身、主轴箱、交换齿轮箱、进给箱、溜板箱、刀架、尾座、冷却装置及照明等部分组成。

（1）床身　床身4是精度要求很高的带有导轨（山形导轨和平导轨）的一个大型基础部件。用于支承和连接车床的各部件，并保证各部件在工作时有准确的相对位置。

（2）主轴箱　主轴箱1用来支承并传动主轴以带动工件做旋转主运动。主轴箱内有由齿轮和轴等组成的变速传动机构，变换主轴箱外手柄的位置，可使主轴获得各种不同的转速。

（3）进给箱　利用进给箱11内部的齿轮传动机构，可以把交换齿轮箱传递过来的运动经变速后传递给丝杠，以实现各种螺纹车削，若传递给光杠，则可实现机动进给。

（4）交换齿轮箱　交换齿轮箱12把主轴箱的运动传递给进给箱。调换交换齿轮箱内的齿轮，配合进给箱内的变速机构，可以得到车削各种不同螺距螺纹（或蜗杆）的进给运动，并满足车削时对不同纵向、横向进给量的需求。

（5）溜板箱　溜板箱9接受光杠或丝杠传递过来的运动，以驱动床鞍、中滑板和小滑板及刀架实现车刀的纵向、横向进给运动。溜板包括床鞍、中滑板、小滑板等。床鞍和小滑

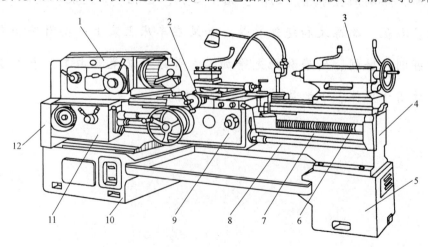

图1-1　车床外形结构

1—主轴箱　2—刀架　3—尾座　4—床身　5、10—床脚　6—丝杠
7—光杠　8—操纵杆　9—溜板箱　11—进给箱　12—交换齿轮箱

板做纵向移动，中滑板做横向移动。溜板上部的刀架部分用来装夹刀具。

（6）尾座　尾座 3 安装在床身导轨上，可沿导轨做纵向移动，以调整其工作位置。尾座主要用来安装麻花钻、铰刀和中心钻，以加工工件上的孔和中心孔，也可安装后顶尖，以提高较长工件的刚性。

（7）冷却装置　冷却装置主要通过冷却水泵将水箱中的切削液加压后喷射到切削区域，用于降低切削温度，润滑加工表面，以延长刀具使用寿命，提高工件表面的加工质量。

二、车床的传动系统

为了完成车削加工，车床必须有主运动和进给运动的相互配合。车削加工的主运动是工件的旋转，进给运动是刀具的移动。卧式车床传动系统功能图如图 1-2 所示。

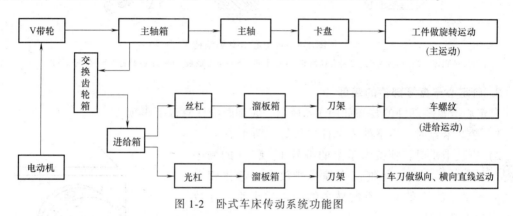

图 1-2　卧式车床传动系统功能图

电动机输出的动力，经带传动传递给主轴箱，变换主轴箱外手柄的位置，可使主轴箱内不同的齿轮啮合，使主轴获得不同的转速，再经卡盘（或夹具）带动工件旋转。此外，主轴箱还可将运动通过交换齿轮箱、进给箱、光杠或丝杠传递到溜板箱，带动床鞍、滑板和刀架沿导轨做直线运动，从而控制车刀的运动轨迹，完成工件各种表面的车削加工。

三、车床附件简介

常用的车床附件有自定心卡盘、单动卡盘、花盘、中心架和跟刀架等。这里主要介绍自定心卡盘。

1. 自定心卡盘的结构

自定心卡盘是车床上应用最广泛的一种通用夹具，其结构如图 1-3 所示。自定心卡盘主要由壳体、三个卡爪、三个小锥齿轮和一个大锥齿轮等零件组成。当卡盘扳手插入小锥齿轮 2 的方孔中转动时，就会带动大锥齿轮 3 转动，大锥齿轮的背面是平面螺纹，平面螺纹与卡爪 4 的螺纹啮合，从而带动三个卡爪同时做向心或离心运动。

常用的自定心卡盘规格有 $\phi150mm$、$\phi200mm$、$\phi250mm$。

2. 自定心卡盘的用途

自定心卡盘用以装夹工件，并带动工件随主轴一起旋转，实现主运动。自定心卡盘能自动定心，安装工件快速、方便，但夹紧力不如单动卡盘的大。自定心卡盘一般用于精度要求不是很高，形状规则（如圆柱形、正三边形、正六边形等）的中、小工件的装夹。

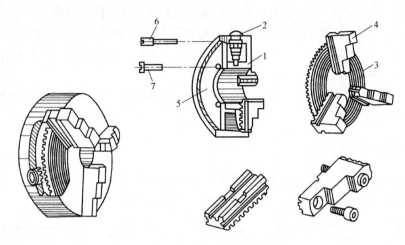

图 1-3　自定心卡盘的结构

1—壳体　2—小锥齿轮　3—大锥齿轮　4—卡爪　5—防尘盖板　6—定位螺钉　7—紧定螺钉

3. 自定心卡盘零部件的装卸

自定心卡盘零部件的装卸如图 1-4 所示，装卸时应注意以下事项。

1) 装卸卡盘时，拆下的零部件要放好，防止丢失。

2) 安装卡爪时，要按卡爪上的编号 1、2、3 的顺序装配。若编号看不清，可把三个编号排放在一起比较卡爪端面螺纹牙数的多少，牙数最多的为 1 号卡爪，牙数最少的为 3 号卡爪。

3) 安装三个卡爪时，应按逆时针顺序进行，并防止平面螺纹的螺扣转过头。

4) 在主轴上拆卸卡盘时，应在主轴孔内插一硬质木棒，并垫一块床面护板，防止砸坏床面。

5) 安装卡盘时，不准开机，以防危险。

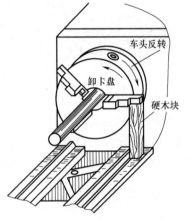

图 1-4　自定心卡盘零部件的装卸

四、车床的基本操作

1. 车床的起动操作

在起动车床之前必须检查车床各手柄是否处于正确位置，离合器是否处于正确位置，操纵杆是否处于停止状态等，在确定无误后，才能合上车床电源总开关，开始操纵车床。

操作时，先按下床鞍上的起动按钮（绿色）使电动机起动，接着将溜板箱右侧的操纵手柄向上慢慢提起，主轴便会逆时针旋转（正转）。操纵手柄有向上、中间、向下三个档位，可分别实现主轴的正转、停止和反转。若需较长时间停止主轴转动，必须按下床鞍上的红色按钮，使电动机停止转动。若工作结束，则需关闭车床电源总开关并切断本车床的电源开关。

2. 主轴箱变速操作

不同厂家生产的不同型号的车床，其主轴的变速操作方法不尽相同，可参考随车床附带的车床说明书。这里介绍 CA6140 型卧式车床的主轴变速操作方法。CA6140 型卧式车床的主轴变速是通过改变主轴箱下面右侧两叠装的手柄位置来控制的。前面的手柄有六个档位，每个档位上有四级转速，若要选择其中某一转速可通过后面的手柄来操作。后面的手柄除有两个空档外，还有四个档位，只要将手柄位置拨到其所显示颜色与前面手柄所处档位上的转速数字所标示颜色相同的档位即可。

主轴箱正面左侧的手柄是加大螺距及左旋、右旋螺纹变换的操纵机构。它有四个档位：左上档位用于车削右旋螺纹，右上档位用于车削左旋螺纹，左下档位用于车削右旋加大螺距螺纹，右下档位用于车削左旋加大螺距螺纹。

3. 进给箱操作

CA6140 型车床进给箱正面左侧有一个手轮，右侧有前后叠装的两个手柄，前面的手柄有 A、B、C、D 四个档位，是丝杠、光杠交换手柄；后面的手柄有Ⅰ、Ⅱ、Ⅲ、Ⅳ、Ⅴ五个档位，与有八个档位的手轮相配合，用以调整螺距和进给量。实际操作时应根据加工要求，从进给箱油池盖上所给的进给量和螺纹螺距调配表中选择最佳进给量并确定手轮和手柄的具体位置。当后手柄处于正上方时是Ⅴ档，此时齿轮箱的运动不经进给箱变速，而与丝杠直接相连。

4. 溜板箱操作

1）床鞍的纵向移动由溜板箱正面左侧的大手轮控制，顺时针转动手轮时，床鞍向右运动；逆时针转动手轮时，床鞍向左运动。

2）中滑板手柄控制中滑板的横向移动和横向进给量。顺时针转动手柄时，中滑板向远离操作者的方向移动；逆时针转动手柄时，中滑板向靠近操作者的方向移动。

3）小滑板可做短距离的纵向移动。顺时针转动小滑板手柄时，小滑板向左移动；逆时针转动小滑板手柄时，小滑板向右移动。

5. 刻度盘及分度盘操作

1）溜板箱正面的大手轮轴上的刻度盘分为 300 格，每转过 1 格，表示床鞍纵向移动 1mm。

2）中滑板手柄上的刻度分为 100 格，每转过 1 格，表示刀架横向移动 0.05mm。

3）小滑板丝杠上的刻度分为 100 格，每转过 1 格，表示刀架纵向移动 0.05mm。

6. 自动进给操作

溜板箱右侧带十字槽的扳动手柄是刀架实现纵向、横向机动进给和快速移动的集中操纵机构。该手柄的顶部有一个快进按钮，是控制接通快速电动机的按钮，按下按钮时，快速电动机工作，放开按钮时，快速电动机停止转动。该手柄扳动的方向与刀架运动的方向一致，操作方便。当手柄扳至纵向移动位置且按下快进按钮时，床鞍做快速纵向移动；当手柄扳至横向进给位置且按下快进按钮时，则中滑板带动小滑板和刀架做横向快速进给。

7. 刀架操作

刀架相对于小滑板的转位和锁紧依靠刀架上的手柄控制刀架的定位、锁紧元件来实现。逆时针转动刀架手柄时，刀架随手柄做逆时针转动，此时可以调换车刀；顺时针转动刀架手柄时，刀架则被锁紧。

当刀架上装有车刀时，转动刀架时刀架上的所有车刀都随刀架一起转动，要注意避免车刀与工件、卡盘和尾座相撞。

五、车床的一级保养

1. 一级保养的意义和作用

车床的保养工作直接影响零件的加工质量和生产率。为了保持车床精度并延长其使用寿命，车工除了应熟练地操作车床外，还应学会对车床进行合理的保养。

当车床运转 500h 后，需进行一级保养。一级保养工作以操作工人为主，维修工人配合进行。

2. 一级保养的步骤

1）切断电源。保养时，必须切断电源，然后进行工作，以确保操作安全。

2）清理工作位置，清洗车床外表。

3）拆下并清洗车床各罩壳，保持内外清洁，无锈蚀，无油污。

4）刀架和滑板部分的保养：

① 拆下刀架并清洗。

② 拆下小滑板丝杠、螺母、镶条并清洗。

③ 拆下中滑板丝杠、螺母、镶条并清洗。

④ 拆下床鞍防尘油毛毡并清洗，然后加油并复位。

⑤ 中滑板丝杠、螺母、镶条、导轨加油后，安装、调整镶条间隙和丝杠螺母间隙。

⑥ 小滑板丝杠、螺母、镶条、导轨加油后，安装、调整镶条间隙和丝杠螺母间隙。

⑦ 擦拭刀架底面，然后涂油、复位、压紧。

5）尾座部分的保养：

① 拆下尾座套筒和压紧块并清洗、涂油。

② 拆下尾座丝杠、螺母并清洗、加油。

③ 尾座清洗、加油。

④ 安装、调整。

6）主轴箱部分的保养：

① 拆下过滤器并清洗、安装。

② 检查主轴并检查螺母有无松动，紧定螺钉是否锁紧。

③ 调整摩擦片间隙及制动器。

7）交换齿轮箱部分的保养：

① 拆下交换齿轮架齿轮、扇形板、轴套，并清洗、加油、复装。

② 调整齿轮啮合间隙。

③ 检查轴套有无晃动现象。

8）进给箱保养时，要清理进给箱，绒绳清洗后加油放入原处，缺少的要补齐。

9）清理主电动机和主轴箱 V 带轮，检查并调整 V 带的松紧。

10）清洗长丝杠、光杠，用棉纱擦拭干净。

11）润滑部分的保养：

① 清洗冷却泵、过滤器、盛液盘。

② 检查油路是否畅通，油孔、油绳、油毡应清洁无铁屑。

③ 检查油质，应保持良好；油杯齐全，油窗明亮。

12）电气部分的保养：

① 清扫电动机、电气箱。

② 电气装置固定整齐。

13）清理车床附件。包括中心架、跟刀架、交换齿轮和卡盘等。

14）整理车床外观：

① 安装各部位罩壳。

② 检查并补齐螺钉、手柄、手柄球。

3. 一级保养应注意的事项

1）要充分做好准备工作，如准备好拆装工具、清洗装置、润滑油料、放置机件的盘子和必要的备件等。

2）要按保养步骤进行保养工作。

3）有拆下要求的部分，如刀架、中滑板、小滑板和尾座等，必须拆下后再清洗、复装、调整。

4）拆下的机件要成组安装，如螺钉与垫圈组合后固定在机体上。

5）要重视文明操作和组织好工作位置。

六、车工安全常识

1. 正确使用车床

1）必须首先了解车床的构造，各手柄的作用及操作方法，经教师准许才能开动车床。

2）开机时应注意周围情况，身体不可靠在车床上，脚也不可踏在油箱上。加工多角工件时不可靠近卡盘，防止衣服被工件卷入，更不得把手伸入车床的转动部位及车刀与工件之间。

3）开机时应检查车床电动机运转是否正常，车床供油是否正常。若发现不正常，应立刻报告教师处理。

4）车床运转时不准远离车床，不准清理车床，不准用手清理铁屑，应用铁钩清理。

5）车床只许一人独立操作，停机前要先退刀再停机。在测量工件、装卸工件、调换卡盘时，以及用砂纸、锉刀、刮刀修复工件时，必须将车刀移动到安全位置。

6）车削时不要正对切屑飞散的方向；不使用尾座时，应把它移动到车床尾端。

7）有下列情况必须关机：测量车削工件，短时间离开车床，整理加油，修理调整车床，修复车刀及变换转速。

8）安装卡盘和顶尖时必须将主轴和尾座孔擦净，装卸卡盘时必须放垫木，以免砸伤床面。

9）工件装夹完毕后必须取下卡盘扳手。

10）车床导轨面上不得刻记号、放置工件，不得用锤子敲打主轴、刀架和尾座。

11）车床各手柄应放到固定位置，不准放到中间位置，纵向、横向自动进给手柄不能同时进给。

12）每班工作结束时，应关闭车床电源，仔细将车床擦拭干净，将溜板箱摇至床尾一端，以防止床身变形。

13）车床在长期不使用后重新开动时应低速运转 15～30min，以保证车床主轴箱润滑充分。

2. 安全生产

1）工作时应穿工作服，并扣紧领口、袖口。女生应戴工作帽，把头发塞入工作帽内。

2）车削时，必须戴上防护眼镜，以免切屑打伤眼睛。

3）操作时必须集中精力，不准擅自离开车床和做与车削无关的工作。身体各部位不能靠近正在旋转的工件或车床各部件。

4）卡盘必须装有保险装置，工件和车刀必须装夹牢固。车床开动时严禁测量工件。

5）操作车床时严禁戴手套，切削时不能用手触摸工件；工件、刀具、量具等应放在指定位置，以免从高处落下而伤人。

6）要做好交接班安全记录，一旦出现安全隐患应及时上报并消除。

第二章

常用车刀及其刃磨

　　为了保证产品质量，提高劳动生产率，车工需要了解和掌握车刀的几何角度，掌握普通车刀的刃磨方法，并正确选择和使用普通车刀。

一、常用车刀的种类和用途

1. 车刀种类

　　普通车刀按用途的不同可分为端面车刀、外圆车刀、切断刀、内孔车刀、螺纹车刀和成形车刀等，如图 2-1 所示。

2. 车刀用途

　　（1）45°外圆车刀　45°外圆车刀又叫弯头车刀，主要用来车削端面、外圆和倒角。

　　（2）90°外圆车刀　90°外圆车刀又叫外圆偏刀，主要用来车削外圆、台阶和端面。

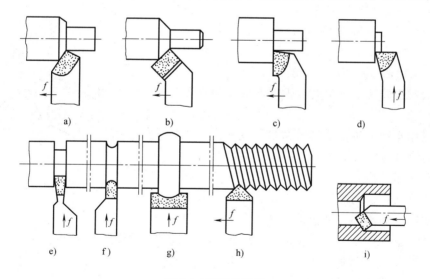

图 2-1　车刀的种类

a）直头外圆车刀　b）45°外圆车刀　c）90°外圆车刀　d）端面车刀

e）切断刀　f）圆弧槽车刀　g）成形车刀　h）螺纹车刀　i）内孔车刀

　　（3）切断刀　切断刀用来切断工件或在工件上切槽。

　　（4）内孔车刀　内孔车刀用来车削内孔。

　　（5）螺纹车刀　螺纹车刀用来车削各种类型的内、外螺纹。

（6）成形车刀　成形车刀用来车削各种内、外圆成形面。

3. 硬质合金可转位车刀

图2-2所示为硬质合金可转位车刀，这种车刀是近年来国内外大力发展和广泛应用的切削刀具之一。用机械加紧的方式将用硬质合金制成的各种形状的刀片固定在相应标准的刀柄上，组合成加工各种表面的车刀。当刀片上的一个切削刃磨损后，只需将刀片转过适当角度，不需刃磨即可用新的切削刃进行切削。刀片的装拆和转位都很方便、快捷，从而大大节省了换刀和刃磨时间，并提高了刀柄金属材料的利用率。

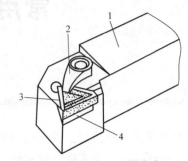

硬质合金可转位车刀可根据加工内容、材质的不同，选用不同形状和角度的刀片（正三角形、四边形、五边形等），可组成外圆车刀、端面车刀、切断刀和螺纹车刀等。

图2-2　硬质合金可转位车刀
1—刀柄　2—夹紧装置　3—刀片　4—刀垫

二、车削运动和切削用量的基本概念

1. 车削运动

车削工件时，工件和刀具进行相对运动，根据运动性质和作用的不同，车削运动主要分为工件的旋转运动（主运动）和车刀的直线或曲线运动（进给运动），如图2-3所示。

（1）主运动（主轴旋转运动）　主运动是由机床或人力提供的主要运动，它促使刀具和工件产生相对运动，从而使刀具切削刃切削工件并产生切屑，使工件形状发生改变。车削时，工件的旋转运动就是主运动。

（2）进给运动　进给运动是由机床或人力提供的运动，它使刀具与工件之间产生附加的相对运动，进给运动与主运动配合，即可连续地切削工件，得到具有所需几何特性的加工表面。根据车刀切除金属层时移动的方向不同，进给运动又可分为纵向进给运动和横向进给运动。如车端面、车槽时，车刀的运动是横向进给运动；而车外圆时，车刀的运动是纵向进给运动。

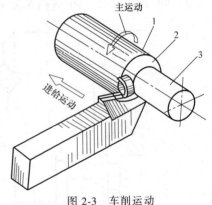

图2-3　车削运动
1—待加工表面　2—过渡表面　3—已加工表面

2. 切削加工形成的表面

车削时工件上形成三个不断变化的表面，如图2-4所示。

（1）已加工表面　它是工件上经刀具切削后产生的表面。

（2）过渡表面　它是工件上由车刀切削刃与工件接触所形成的表面。

（3）待加工表面　它是工件上有待切除的表面，它可能是已加工过的表面或毛坯表面。

3. 切削用量的基本概念

切削用量是车床在正常切削过程中直接反映主运动和进给运动大小的参数，它包括切削

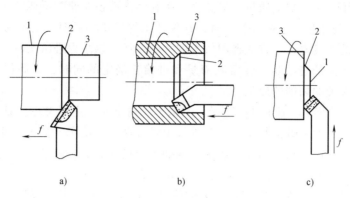

a)　　　　　　　　　b)　　　　　　　　　c)

图 2-4　车削时工件上的三个表面

a) 车外圆　b) 车孔　c) 车端面

1—待加工表面　2—过渡表面　3—已加工表面

速度、进给量、背吃刀量这三个要素。

（1）切削速度 v_c　它是切削刃与工件接触任一点相对于工件主运动的瞬时速度，也可以理解为车刀在 1min 内车削工件表面的理论展开直线长度（不考虑切屑变性因素）。切削速度是衡量主运动大小的参数，单位为 m/min，其计算公式为

$$v_c = \frac{\pi d_w n}{1000}$$

式中　v_c——切削速度（m/min）；

　　　d_w——工件待加工表面直径（mm）；

　　　n——主轴转速（r/min）。

车削时，当主轴转速 n 已定，工件上直径不同处得出的切削速度不同，在计算时应取最大的切削速度。车外圆时，应以工件待加工表面直径计算；车内孔时，则应以工件已加工最大表面直径计算；车端面或车槽、切断时，切削速度随切削直径的变化而变化。

（2）进给量 f　工件每转一周，车刀沿进给方向移动的距离称为进给量。进给量是衡量进给运动大小的参数。单位为 mm/r。进给量分为横向进给量和纵向进给量，沿垂直于床身导轨方向的进给量是横向进给量，沿床身导轨方向的进给量是纵向进给量。

（3）背吃刀量 a_p　对车削来说，背吃刀量是车削工件上已加工表面与待加工表面之间的垂直距离，如图 2-5 所示。

切断、车槽时的背吃刀量等于车刀切削刃的宽度。

车外圆时背吃刀量的计算公式为

$$a_p = \frac{d_w - d_m}{2}$$

式中　a_p——背吃刀量；

　　　d_w——待加工表面直径；

　　　d_m——已加工表面直径。

（4）切削用量的选择　合理选择切削用量，对车床

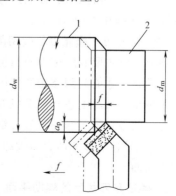

图 2-5　背吃刀量和进给量

1—待加工表面　2—已加工表面

与刀具的合理使用，保证加工质量，提高生产率和经济效益有非常重要的作用。

1）粗车时切削用量的选择。粗车时，在保证工件质量的同时，主要考虑尽可能提高生产率并保证必要的刀具寿命。首先选用较大的背吃刀量，以减少进给次数。其次，为缩短进给时间，可选择较大的进给量。在背吃刀量和进给量确定的同时，在确保刀具寿命的前提下，再选择一个合理的切削速度。

2）半精车、精车时切削用量的选择。半精车、精车时，主要考虑保证工件的加工精度和表面质量，同时还要兼顾提高生产率及延长刀具寿命。半精车、精车时的背吃刀量是根据加工精度和表面粗糙度要求由粗加工后留下的加工余量确定的，进给量应选择小一些，切削速度一般应根据所使用刀具的材料来选择，高速钢车刀应选较低的切削速度（$v_c < 50\text{m/min}$），以降低切削温度并保持车刀切削刃的锋利。硬质合金车刀则应选择较高的切削速度（$v_c > 80\text{m/min}$），这样不但可以提高工件表面质量，还可以提高生产率。

三、车刀的几何形状

1. 车刀的组成

车刀由刀柄和刀头组成（不包括整体车刀），刀柄是刀具的夹持部分，刀头担负切削工作，如图 2-6 所示。刀头的切削部分由"三面两刃一尖"（即前刀面、主后刀面、副后刀面、主切削刃、副切削刃、刀尖）组成。

（1）前刀面（简称前面）　前刀面是车刀上切屑流经的表面。

（2）主后刀面（简称主后面）　主后刀面是与工件上过渡表面相对的刀面。

（3）副后刀面（简称副后面）　副后刀面是与工件上已加工表面相对的刀面。

（4）主切削刃　主切削刃是前刀面与主后刀面的相交线，大部分切削工作由它来完成。

（5）副切削刃　副切削刃是前刀面与副后刀面的相交线，它配合主切削刃完成少量切削工作。

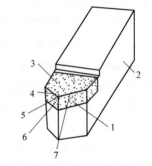

图 2-6　车刀的组成

1—主后刀面　2—刀柄　3—前刀面　4—副切削刃　5—刀尖　6—副后刀面　7—主切削刃

（6）刀尖　刀尖是主切削刃与副切削刃连接处的切削刃。为了提高刀尖的强度、寿命及降低表面粗糙度值，改善散热条件，需要把刀尖磨圆形成圆弧过渡刃。一般硬质合金车刀的刀尖圆弧半径 $r = 0.2 \sim 0.7\text{mm}$。

（7）修光刃　修光刃是副切削刃前端接近刀尖处的一段平直切削刃，它主要起降低表面粗糙度值的作用。修光刃的宽度要大于进给量才能起到修光的作用。

凡是车刀都有上述几个组成部分，但是数量不完全一样。图 2-6 所示的外圆车刀是由三个刀面、两条切削刃和一个刀尖组成的，而切断刀和 45°外圆车刀则由四个刀面（两个副后刀面）、三条切削刃和两个刀尖组成。此外，有的切削刃是直线，有的切削刃是曲线，其后刀面为曲面。

2. 确定车刀角度的辅助平面

为了确定和测量车刀的几何角度，通常假设出三个辅助平面作为基准，即切削平面、正交平面和基面，如图 2-7 所示。

（1）基面 基面是过切削刃选定点的平面，它平行或垂直于刀具在制造、刃磨及测量时用于安装或定位的一个平面或轴线，一般来说，基面垂直于假定的主运动方向。也可以认为基面是过车刀主切削刃上某一选定点，并与该点切削速度方向垂直的平面。

（2）切削平面 切削平面是通过切削刃选定点与切削刃相切并垂直于基面的平面。

（3）正交平面 正交平面是通过切削刃选定点并同时垂直于切削平面和基面的平面。

需要指出的是，上述定义是假设切削时只有主运动，不考虑进给运动，刀柄的中心线垂直于进给方向，且规定刀尖对准工件中心，此时基面与刀柄底平面平行，切削平面与刀柄底平面垂直。这种假设状态称为刀具的静止状态。静止状态的辅助平面是车刀刃磨、测量和标注角度的基准。

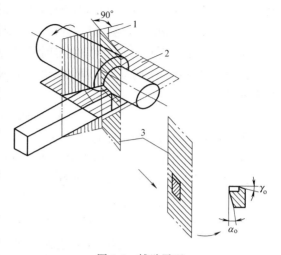

图 2-7 辅助平面
1—切削平面 2—基面 3—正交平面

3. 车刀的几何角度

车刀几何角度的标注如图 2-8 所示。

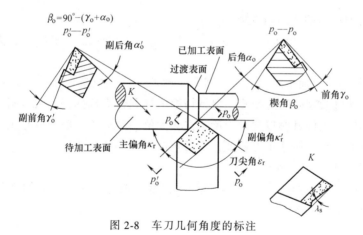

图 2-8 车刀几何角度的标注

在正交平面内测量的角度有：

（1）前角（γ_o） 前角是前刀面与基面间的夹角。

（2）后角（α_o） 后角是后刀面与切削平面间的夹角。

在 $p_o—p_o$ 平面（正交平面）中测量的是后角（α_o），在 $p_o—p_o'$ 平面中测量的是副后角（α_o'）。

（3）正交楔角（β_o） 正交楔角是前刀面与后刀面之间的夹角，它的大小与前角和后角的大小有关，一般可由下式来计算

$$\beta_o = 90° - (\gamma_o + \alpha_o)$$

在基面内测量的角度有：

（4）主偏角（κ_r） 主偏角是主切削平面与假定工作平面之间的夹角，也可以认为主偏

角是主切削刃在基面上的投影与进给运动方向间的夹角。

（5）副偏角（κ_r'）　副偏角是副切削刃与假定工作平面间的夹角。

（6）刀尖角（ε_r）　刀尖角是主切削平面与副切削平面间的夹角，也可以认为是主切削刃和副切削刃在基面上的投影之间的夹角，刀尖角的大小影响刀尖的强度和散热性，其值按下式来算

$$\varepsilon_r = 180° - (\kappa_r + \kappa_r')$$

在切削平面内测量的角度有：

（7）刃倾角（λ_s）　刃倾角是主切削刃与基面之间的夹角。

4．车刀主要几何角度的认识及选择

（1）前角的作用与选择

1）前角的作用。前角的作用是影响切削刃的锋利程度，影响切削变形和切削力。

2）前角的选择。工件材料的强度大，硬度高时前角应选小一些，反之应选大一些；工件材料的塑性大时前角应选大一些，反之应选小一些；加工脆性金属材料时选较小的前角；粗加工，特别是断续切削时，应选较小的前角；刀具材料抗弯强度低、韧性较差时，应选较小的前角；工艺系统刚性差或机床功率不足时，应选较大的前角。此外，若选较大的前角，会使楔角减小，从而降低了刀体强度。前角增大会使散热体积缩小，散热条件变差，对刀具寿命产生影响。在正交平面中，当前刀面与切削平面之间的夹角小于90°时，前角为正，大于90°时前角为负。

（2）后角与副后角的作用与选择

1）后角的作用。后角用来减小刀具与工件的摩擦，同时配合前角调节切削刃的锋利程度和强度。

2）后角的选择。粗加工时，要求车刀有足够的强度，应选较小的后角；精加工时，为减小后刀面和工件过渡表面间的摩擦，保持切削刃锋利，应选择较大的后角；工件材料较硬时，后角选较小值，工件材料较软时，后角选较大值。副后角一般磨成与主后角相等，但在切断等特殊情况下，为了保证车刀强度，副后角应选较小的数值。

（3）主偏角的作用与选择

1）主偏角的作用。主偏角影响刀尖部分的强度与散热条件，影响切削分力的大小。主偏角对切削分力的影响如图2-9所示。

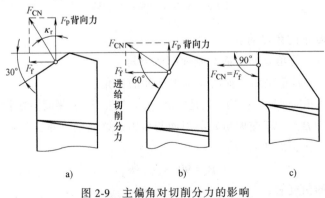

图 2-9　主偏角对切削分力的影响

a）$\kappa_r = 30°$　b）$\kappa_r = 60°$　c）$\kappa_r = 90°$

2）主偏角的选择。选择主偏角时，应重点考虑工件的形状和刚性。工件刚性差（如细长轴），应选较大的主偏角，以便于减小径向分力；加工台阶轴类的工件时，主偏角 $\kappa_r \geqslant$ 90°。车削硬度较高的工件时，应选较小的主偏角。

（4）副偏角的作用与选择

1）副偏角的作用。副偏角用来减小副切削刃与工件已加工表面之间的摩擦，影响工件的表面加工质量及车刀的强度和散热条件。

2）副偏角的选择。减小副偏角，可以降低工件表面粗糙度值（必要时加磨修光刃）。粗车时副偏角选大些，精车时副偏角选小些。

（5）刃倾角的作用与选择

1）刃倾角的作用。刃倾角用来控制切屑的流出方向，并影响刀尖部分的强度和切削分力的大小。

2）刃倾角的选择。刃倾角有正、负值和0°之分，当主切削刃和基面平行时，刃倾角为0°，切削时，切屑朝垂直于主切削刃的方向流出，如图2-10所示。

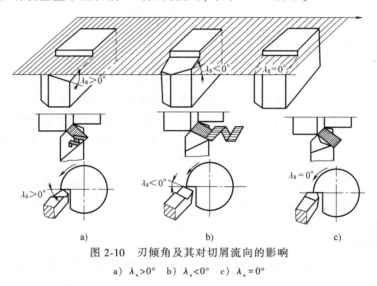

图 2-10　刃倾角及其对切屑流向的影响

a）$\lambda_s > 0°$　b）$\lambda_s < 0°$　c）$\lambda_s = 0°$

当刀尖位于主切削刃最高点时，刃倾角为正值，切削时，切屑朝工件待加工面方向流出，如图2-10a所示，切屑不易擦伤已加工表面，比较适用于精车加工。但正刃倾角的刀尖强度较差，不宜加工带有冲击或断续切削的工件；当刀尖位于主切削刃最低点时，刃倾角为负值，切削时，切屑朝工件已加工面方向流出，容易擦伤已加工表面，但刀尖强度好，比较适用于粗车加工，在车削有较大冲击力和断续切屑的工件时，最先承受冲击的着力点在远离刀尖的切削刃处，从而保护了刀尖，如图2-10b所示。

四、车刀切削部分的材料

1. 车刀材料的基本要求

在车削加工过程中，车刀的切削部分是在承受较大的切削力、较高的切削温度和连续经受剧烈摩擦的条件下进行工作的。车刀切削部分的材料是否具备优良的切削性能，决定了车刀寿命的长短和切削效率的高低。所以车刀的切削部分必须具备硬度高、耐磨性好、耐高温

（热硬性）、足够的抗弯强度和冲击韧性，以及良好的工艺性等性能。

2. 车刀切削部分的常用材料

（1）高速钢　高速钢是一种含较多钨、铬、钒、钼等元素的工具钢，常用的牌号为W18Cr4V、W6Mo5Cr4V2等。高速钢具有较高的强度、韧性和耐磨性，适用于制作各种结构复杂的成形刀具和各种内、外螺纹及孔加工刀具。高速钢耐热性较差，不能用于高速切削。

（2）硬质合金　硬质合金是用钨和钛的碳化物粉末加钴作为黏结剂高压压制成形后再高温烧结而成的粉末冶金制品，其硬度高，耐磨性好，热硬性好，故其切削速度比高速钢高出几倍至十几倍。硬质合金是目前应用最为广泛的一种车刀材料，尤其适用于高速切削（最高切削速度可达220m/min），但抗弯强度和冲击韧性比高速钢差得多。按其成分的不同，常用的硬质合金有钨钴类和钨钴钛类两类。

（3）陶瓷　以氧化铝（Al_2O_3）为主要成分经高压成形，再高温烧结而成的陶瓷材料刀具，其硬度、耐磨性和耐热性均比硬质合金高，可采用比硬质合金高几十倍的切削速度，能使工件获得较低的表面粗糙度值和较好的尺寸精度（在精车和没有冲击的情况下）。陶瓷刀具最大的缺点是抗弯强度低、易崩刀。陶瓷刀具特别适用于淬火钢表面的车削。

五、车刀的刃磨

在车床上主要依靠工件的旋转主运动和刀具的进给运动来完成切削工作。因此车刀角度的选择是否合理，车刀刃磨的角度是否正确，都会直接影响工件的加工质量和切削效率。

在切削过程中，车刀的前刀面和后刀面受到剧烈的摩擦和高切削热的作用，使切削刃变钝而减弱或失去切削能力，此时，只有通过刃磨才能恢复切削刃的锋利和正确的车刀角度。因此车工不仅要懂得切削原理和如何合理地选择车刀角度的有关知识，还必须熟练地掌握车刀的刃磨技术。车刀的刃磨分机械刃磨和手工刃磨两种，机械刃磨效率高、角度准确、操作方便，但目前中小型企业仍普遍采用手工刃磨。因此，车工必须熟练掌握手工刃磨车刀的技术。

1. 砂轮的选用

目前常用的砂轮有氧化铝和碳化硅两类，刃磨时必须根据刀具材料来选定。

（1）氧化铝砂轮　氧化铝砂轮多呈白色或灰色，适用于刃磨高速钢车刀和碳素工具钢车刀。氧化铝砂轮也称为刚玉砂轮。

（2）碳化硅砂轮　碳化硅砂轮多呈绿色，适用于刃磨硬质合金车刀。

砂轮的粗细以粒度表示。GB/T 2481.1—1998《固结磨具用磨料　粒度组成的检测和标记　第1部分：粗磨粒 F4~F220》规定了26个粒度号，粒度号大表示组成砂轮的磨料细，反之表示组成砂轮的磨料粗。粗磨时用粗粒度，精磨时用细粒度。

2. 车刀刃磨的方法和步骤

现以90°硬质合金（YT15）外圆车刀为例，介绍手工刃磨的方法（选用碳化硅砂轮）。

1）先磨去车刀各个面上的焊渣，并将车刀底面磨平。

2）粗磨主后刀面和副后刀面的刀柄部分。刃磨时，在略高于砂轮中心的水平位置处将车刀翘起一个比刀体上的后角大2°~3°的角度，以便刃磨刀体上的主后角和副后角，如图2-11所示。

3）粗磨刀体上的主后刀面。磨主后刀面时，刀柄应与砂轮轴线保持平行，同时车刀底

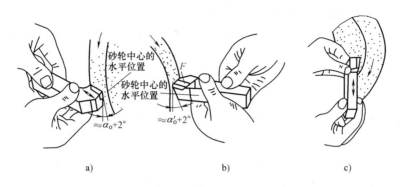

图 2-11　刃磨车刀

a）粗磨主后刀面　b）粗磨副后刀面　c）粗磨前刀面

平面向砂轮方向倾斜一个比后角大 2°的角度。刃磨时，先把车刀已磨好的后隙面靠在砂轮的外圆上，以接近砂轮中心的水平位置为刃磨的起始位置，然后使刃磨位置继续向砂轮靠近，并做左右缓慢移动。当砂轮磨至切削刃处即可停止，如图 2-11a 所示。这样可同时使磨出的主偏角、后角都等于 90°。

4）粗磨刀体上的副后刀面。磨副后刀面时，刀柄尾部应向右转过一个副偏角的角度，同时车刀底平面向砂轮方向倾斜一个比副后角大 2°的角度，如图 2-11b 所示。具体的刃磨方法与粗磨刀体上主后刀面的方法大体相同，不同的是粗磨副后刀面时砂轮应磨到刀尖处为止，如此可同时磨出副偏角和副后角。

5）粗磨前刀面。以砂轮的端面粗磨车刀的前刀面，并在磨前刀面的同时磨出前角，如图 2-11c 所示。

6）刃磨断屑槽。常见的断屑槽有圆弧形和直线形两种，圆弧形断屑槽的前角一般较大，适用于切削较软的材料如图 2-12a 所示；直线形断屑槽前角较小，适用于切削较硬的材料，如图 2-12b 所示。断屑槽的宽窄应根据切削深度和进给量来确定。

手工刃磨的断屑槽一般为圆弧形，刃磨时，须先将砂轮外圆端面的交角处用砂轮修磨器（或金刚石笔）修磨成相应的圆弧。若刃磨直线形断屑槽，则砂轮的交角处须修磨得很尖锐。刃磨时，刀尖可向上磨或向下磨，但选择刃磨断屑槽的部位时，应考虑留出刀头倒棱的宽度（留出相当于进给量大小的距离），如图 2-13 所示。

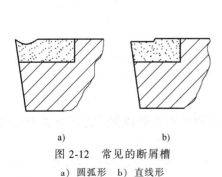

图 2-12　常见的断屑槽

a）圆弧形　b）直线形

图 2-13　刃磨断屑槽的方法

刃磨断屑槽时，应注意如下要点：

① 砂轮的交角处应经常保持尖锐或保持一定的圆弧状。当砂轮棱边磨损出较大圆弧时，应及时修整。

② 刃磨时的起点位置应该与刀尖、主切削刃相距一定距离，不能一开始就直接刃磨到主切削刃和刀尖上。一般起始位置与刀尖的距离等于断屑槽长度的 1/2 左右。

③ 刃磨时，不能用力过大，车刀应沿刀柄方向上下缓慢移动。要特别注意刀尖，切莫把断屑槽的前端口磨塌。

④ 刃磨过程中应反复检查断屑槽的形状、位置及前角的大小。对于尺寸较大的断屑槽，可分粗磨和精磨两个阶段；尺寸较小的则可一次刃磨成形。

7）精磨主后刀面和副后刀面。精磨前要修整好砂轮，保持砂轮旋转平稳。刃磨时将车刀底平面靠在调整好角度的托架上（或双手端平），使切削刃轻轻地靠在砂轮的端面上，并沿砂轮端面缓慢地左右移动，使砂轮磨损均匀、车刀切削刃平直。

8）磨负倒棱。刀具主切削刃担负着绝大部分的切削工作，为了提高主切削刃的强度，改善其受力和散热条件，通常在车刀的主切削刃上磨出负倒棱，如图 2-14 所示。

负倒棱的倾斜角度 γ_f 一般为 $-10° \sim -5°$，其宽度 b_r 为进给量的 $0.5 \sim 0.8$ 倍，即 $b_r = (0.5 \sim 0.8)f$。对于采用较大前角的硬质合金车刀及车削强度、硬度特别低的材料时，不宜采用负倒棱。

负倒棱的刃磨方法如图 2-15 所示。刃磨时，用力要轻微，要使主切削刃的后端向刀尖方向摆动。刃磨时可采用直磨法和横磨法，为了保证切削刃的质量，最好采用直磨法。

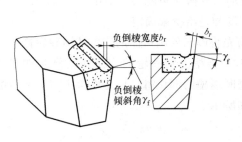

图 2-14 负倒棱

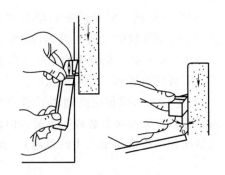

图 2-15 负倒棱的刃磨方法

9）磨过渡刃。过渡刃有直线形和圆弧形两种，其刃磨方法与精磨后刀面的方法基本相同。刃磨用于车削较硬材料的车刀时，也可以在过渡刃上磨出负倒棱。

3. 检查车刀角度的方法

（1）目测法　观察车刀角度是否符合车削要求，切削刃是否锋利，表面是否有裂纹和其他不符合车削要求的缺陷。

（2）样板和量角器测量法　对于角度要求较高的车刀，可以用这种方法检查，如图2-16所示。

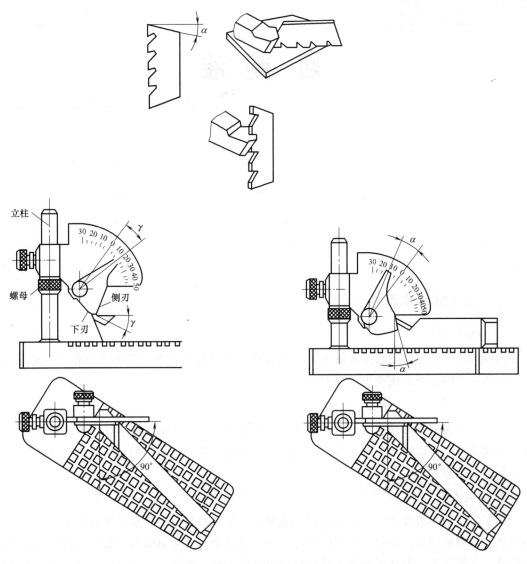

图 2-16　用样板和量角器测量车刀的角度

第三章

切　削　液

在车削过程中，金属切削层发生了变形，切屑与刀具间、刀具与加工表面间存在着剧烈的摩擦，这些都会产生很大的切削力和大量的切削热。若在车削过程中合理地使用切削液，不仅能减小切削力，降低切削温度，提高加工表面质量，还能延长刀具的使用寿命，从而提高劳动生产率。

一、切削液的作用

1. 冷却作用

切削液能吸收并带走切削区域大量的切削热，改善散热条件、降低工件和刀具的温度，大大减小工件因热变形而产生的误差。

2. 润滑作用

由于切削液能渗透到切屑、刀具与工件的接触面之间，并黏附到工件表面上而形成一层极薄的润滑膜，可以减小切屑、刀具与工件间的摩擦，降低切削力和切削热，有力地保持了车刀切削刃的锋利。

3. 冲洗作用

为了防止切削过程中产生的微小切屑黏附在工件和刀具上，特别是钻深孔和铰孔时，容易出现切屑堵塞现象，影响工件表面粗糙度和刀具寿命，如果加注有一定压力和充足流量的切削液，就能冲走黏附在刀具和工件表面的切屑和杂质，可减小刀具磨损，降低工件表面粗糙度值。

二、切削液的种类及其选用

1. 切削液的种类

车削常用的切削液有乳化液和切削油两大类。

（1）乳化液　乳化液是用乳化油加 15~20 倍的水稀释而成的，主要起冷却作用。

（2）切削油　切削油的主要成分是矿物油，少数也采用动物油或植物油，主要起润滑作用。

2. 切削液的种类及其选用

切削液的种类繁多，性能各异，在车削过程中应根据加工性质、工艺特点、工件材料和刀具材料等具体条件来合理选用。常用切削液的选用见表 3-1。

表 3-1　常用切削液的选用

加工类型		工件材料					
		碳钢	合金钢	不锈钢及耐热钢	铸铁及黄铜	青铜	铝及其合金
车、铣、镗孔（粗加工）		3%~5%乳化液	(1)5%~15%乳化液 (2)5%石墨化或硫化乳化液 (3)5%氯化石蜡油制乳化液	(1)10%~30%乳化液 (2)10%硫化乳化液	(1)一般不用切削液 (2)3%~5%乳化液	一般不用切削液	(1)一般不用切削液 (2)中性或含有游离酸小于4mg的弱酸性乳化液
车、铣、镗孔（精加工）		(1)石墨化或硫化乳化液 (2)5%乳化液（高速切削时） (3)10%~15%乳化液（低速切削时）	(1)氧化煤油 (2)煤油75%、油酸或植物油25%组成的切削液 (3)煤油60%、松节油20%、油酸20%组成的切削液	(1)氧化煤油 (2)煤油75%、油酸或植物油25%组成的切削液 (3)硫化植物油85%~87%、油酸或植物油13%~15%组成的切削液	黄铜一般不用切削液，铸铁用煤油	7%~10%乳化液	(1)煤油 (2)松节油 (3)煤油与矿物油的混合液
切断及切槽		(1)15%~20%乳化液 (2)硫化乳化液 (3)活性矿物油 (4)硫化油					
钻孔及扩镗孔		(1)7%硫化乳化液 (2)硫化切削油		(1)3%肥皂+2%亚麻油（不锈钢钻孔）组成的切削液 (2)硫化切削油（不锈钢镗孔）	(1)7%~10%乳化液 (2)硫化乳化液	(1)7%~10%乳化液 (2)硫化乳化液	(1)一般不用切削液 (2)煤油 (3)煤油与菜油的混合液
铰孔		(1)硫化乳化液 (2)10%~15%极压乳化液 (3)硫化油与煤油混合液（中速）	(1)硫化乳化液或硫化切削油 (2)含硫氯磷切削油		(1)一般不用切削液（用于铸铁） (2)煤油（用于铸铁） (3)菜油（用于黄铜）		(1)2号锭子油 (2)2号锭子油与蓖麻油的混合液 (3)煤油和菜油的混合液

（续）

加工类型	工件材料					
	碳钢	合金钢	不锈钢及耐热钢	铸铁及黄铜	青铜	铝及其合金
车螺纹	（1）硫化乳化液 （2）氧化煤油 （3）煤油75%、油酸或植物油25%组成的切削液 （4）硫化切削油 （5）变压器油70%、氯化石蜡30%组成的切削液		（1）氧化煤油 （2）硫化切削油 （3）煤油60%、松节油20%、油酸20%组成的切削液 （4）硫化油60%、煤油25%、油酸15%组成的切削液 （5）四氯化碳90%、猪油或菜油10%组成的切削液	（1）一般不用切削液 （2）煤油（铸铁） （3）菜油（黄铜）	（1）一般不用切削液 （2）菜油	（1）硫化油30%、煤油15%、2号或3号锭子油55%组成的切削液 （2）硫化油30%、煤油15%、油酸30%、2号或3号锭子油25%组成的切削液
滚齿及插齿	（1）20%~25%极压乳化液 （2）含硫（或氯、磷）的切削油			（1）煤油（铸铁） （2）菜油（黄铜）	（1）10%~15%极压乳化液 （2）含氯切削油	（1）10%~15%极压乳化液 （2）煤油
磨削	（1）电解水溶液 （2）3%~5%乳化液 （3）豆油+硫磺粉		3%~5%乳化液			磺化蓖麻油1.5%、浓度30%~40%的氢氧化钠，加至微碱性，煤油9%，其余为水

第四章

车端面、外圆、台阶轴

外圆柱面是构成各种机器零件最基本的表面之一，它是在车削加工中最基本、最常见的加工表面。简单地说车削外圆柱面就是用安装在刀架上的车刀对装夹在车床卡盘上并做旋转运动的工件进行横向或纵向进给，要根据图样要求保证加工出的工件的尺寸精度和表面粗糙度要求。

一、车端面、外圆

1. 车刀的安装

在车削过程中，车刀在刀架上的装夹如图 4-1 所示，车刀的装夹直接影响车削的顺利进行和工件的加工质量，所以在装夹车刀时要注意下列事项：

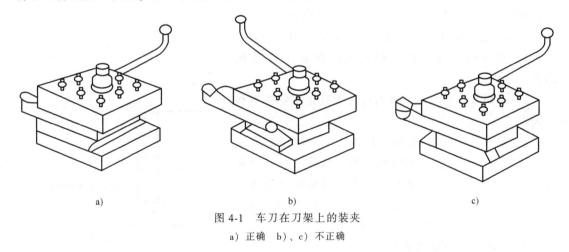

a)   b)   c)

图 4-1　车刀在刀架上的装夹

a）正确　b）、c）不正确

1）车刀装夹在刀架上时，探出的部分不要过长，保持车刀刚性，一般外圆车刀探出长度为刀杆长度的 1/3 即可。车刀下面的垫片要尽量少放并与刀架边缘对齐，至少用刀架上的两个刀架压紧螺钉压紧，以防车刀松动。

2）车刀刀尖应与工件回转中心等高，刀尖高于或低于工件回转中心会造成刀尖损坏或工件端面不平，如图 4-2 所示。

使车刀对准工件轴线，可以用以下几种方法：

1）目测法，即将车刀装好，试车端面，再根据工件端面的中心来调整车刀。

2）根据车床尾座顶尖来调整车刀。

3）根据车床主轴中心高度，用钢板尺直接测量并装夹车刀。

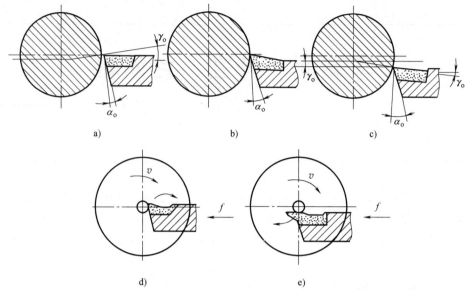

图 4-2　车刀刀尖与工件轴线不等高的后果

a）刀尖高于工件轴线　b）刀尖与工件轴线等高　c）刀尖低于工件轴线　d）刀尖不对工件轴线　e）刀尖崩碎

2. 工件的安装

车削时，必须将工件安装在车床的自定心卡盘、单动卡盘或其他夹具上，经过找正和夹紧，使工件在整个加工过程中始终保持正确的位置。

在自定心卡盘上装夹工件可以采用以下几种方法：

1）粗车时，可用目测和找正盘找正工件毛坯表面。

2）半精车、精车时，可用百分表找正工件外圆和端面。

3）装夹轴向尺寸较小的工件时，先轻轻夹紧工件，再在刀架上装夹一铜棒或铝棒，然后使卡盘中速运转，移动床鞍，使刀架上的铜棒轻轻接触已粗加工过的工件端面，当工件端面没有明显的轴向圆跳动时即停机，夹紧工件，如图 4-3 所示。

3. 车端面、外圆的方法

（1）车端面的方法　开动车床使工件旋转，移动床鞍或小滑板（粗车时需要锁紧床鞍），手动或机动中滑板手柄做横向进给，由工件外圆向中心车削，如图 4-4 所示。

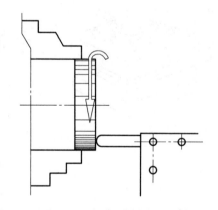

图 4-3　找正工件端面的方法

（2）车外圆的方法

1）起动车床使工件旋转，左手摇动床鞍手轮，右手摇动中滑板手柄，使车刀刀尖靠近并轻轻地接触工件待加工表面，此时中滑板手柄轮上的刻度位置确定为背吃刀量的零点位置。左手反向摇动床鞍手轮（此时中滑板手柄不动），使车刀向右离开工件 10～15mm。

2）摇动中滑板手柄，使车刀横向进给，其进给量等于背吃刀量。

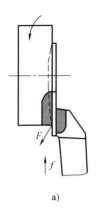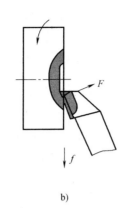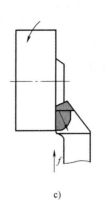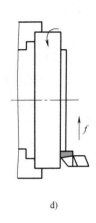

a)　　　　　　　　b)　　　　　　　　c)　　　　　　　　d)

图 4-4　车端面

a)、c)、d) 从工件外缘向中心车削　b) 从工件中心向外缘车削

3）通常车外圆时要进行试切、试测量，试切的目的是掌握加工余量和控制背吃刀量。中滑板进给后纵向移动 3mm 左右时，纵向快退，停机测量。图 4-5 所示为试车外圆，通过试切，根据工件总的加工余量分配好每一刀的背吃刀量后便可进行正常切削。当车到尺寸要求的位置时，退出车刀，停机测量，循环往复，直到被加工表面达到尺寸要求为止。

4）为了控制工件的长度，通常是在车削前用钢直尺或卡尺根据所需的长度定好位置，再用车刀刀尖在此位置上划线，此划线就是这次车削长度的位置线。另一种方法是中滑板横向进给，左手向左摇动床鞍至车刀主切削刃轻轻接触工件端面，然后中滑板退出，此时床鞍轮盘上的刻度数即零点位置，向前摇出所需尺寸长度，再用刀尖划线，即得到所要车削的长度位置，如图 4-6 所示。

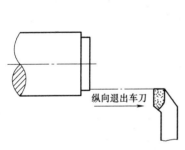

图 4-5　试车外圆

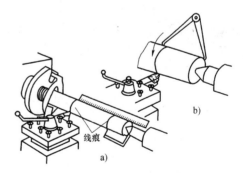

图 4-6　划线确定车削长度

a) 用钢直尺划线痕

b) 用内卡钳在工件上划线痕

一般工件的端面、外圆车削后都需要进行 45°倒角，即用 45°外圆车刀在工件外圆和端面处进行倒角。C1（1×45°）是指在外圆的轴向长度车出 1mm 长并倾斜 45°的倒角。倒角的作用一是配合导向，二是预防棱角尖刃伤人。

4. 调头接刀车削工件

工件的长度余量较小或一次装夹不能完成车削的光轴，常采用调头装夹，再接刀车削。接刀工件装夹时，为防止有接刀痕迹和表面质量较差的现象出现，必须严格找正，特别是第一段车削完成调头装夹第二段时要用百分表对已车削的外圆柱面根部进行找正，然后再用找正盘找正第二段前段（用铜棒轻敲）。在车削第二段最后一刀精车接刀时，最好用手摇，这样可以避免扎刀现象出现。

5. 外圆、端面的测量

（1）外圆的测量　外圆的测量包括外径尺寸、轴向圆跳动误差和径向圆跳动误差的测量。

1）外径尺寸的测量。测量外径时，若工件的尺寸精度要求一般，常选用游标卡尺；尺寸精度要求较高时，则选用外径千分尺或数显卡尺如图4-7和图4-8所示。

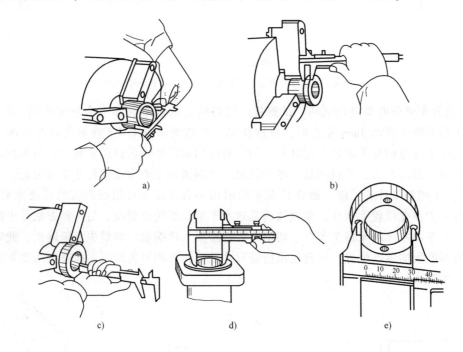

图4-7　游标卡尺的使用方法

a）下量爪测外径　b）下量爪测长度　c）深度尺测长度

d）测量内径尺寸　e）测量两孔间的距离

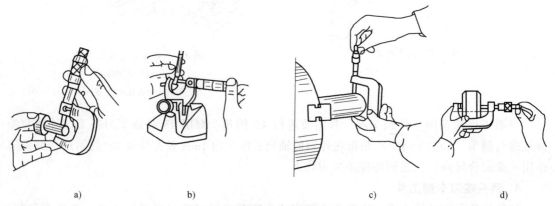

图4-8　用外径千分尺测量外径尺寸

a）单手握千分尺　b）千分尺固定在尺架上　c）、d）双手握千分尺

2）径向圆跳动和轴向圆跳动误差的测量。将工件放在测量仪或车床两顶尖之间，百分表的测量头与工件测量部分的外圆接触，为消除间隙预先将百分表测量头压下 1mm，当工件转过一圈，百分表显示读数的最大差值就是该测量面上的径向圆跳动误差。按上述办法测量该工件若干个截面，各截面上测得的径向圆跳动误差中的最大值就是该工件的径向圆跳动误差。也可将工件放在平板上的 V 形架上测量工件的径向圆跳动误差。照此办法，若将百分表测量头与所测量工件的端面接触，就可以测得该工件的轴向圆跳动误差。

（2）端面的测量　对工件端面的要求是既要保证对轴线的垂直度，又要保证端面自身的平直、光洁。

1）端面对轴线垂直度误差的测量。端面的轴向圆跳动和端面对轴线的垂直度有一定的关系，但不是一个概念。端面的轴向圆跳动是指端面上某一点的跳动；而垂直度是指整个端面的垂直度误差。将工件放在位于平板上的固定套中或将工件装夹在自定心卡盘上（注意轴类零件的探出部分要前后拉直），然后用百分表从端面中心点逐渐向边缘移动，测量结束后，百分表显示的读数的最大差值就是端面对轴线的垂直度误差。

2）端面平面度误差的测量。一般可用刀口尺检测端面的平面度误差。

6. 刻度盘的计算和应用

车削工件时，为了达到工件的尺寸精度要求，用中滑板和小滑板上的刻度盘进行操纵和控制背吃刀量的大小。中滑板的刻度盘装在横向进给丝杠的端部，丝杠和刻度盘及手柄是同步旋转的，当刻度盘转一圈时，固定在中滑板上的螺母就带动中滑板、刀架及车刀一起移动一个螺距的距离。如果中滑板丝杠螺距为 5mm，刻度盘刻度分为 100 格，当手柄摇转一周时，中滑板就横向移动 5mm；当刻度盘转过一格时，中滑板移动量则为

$$5mm/100 = 0.05mm$$

小滑板的结构及使用原理和中滑板相同。使用刻度盘时，由于丝杠与螺母之间的配合存在间隙，会产生空行程（丝杠带动刻度盘已转动，而滑板并未移动）。所以使用刻度盘时，必须向相反方向退回全部空行程，再转到所需要的刻度位置，如图 4-9 所示。注意，用中滑板刻度盘计算的背吃刀量应是加工余量的一半。

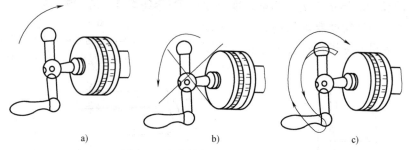

图 4-9　消除刻度盘空行程的方法

a）转动所需格数　b）不允许倒转　c）退回空行程后正转到所需格数

二、车台阶轴

1. 加工台阶轴的技术要求

台阶轴实际上就是由几个直径大小不同的圆柱体连接在一起的多台阶轴类零件。车台阶

轴的方法类似于车圆柱工件的方法，但在车削时应注意各个外圆直径尺寸和台阶长度尺寸的要求，同时必须保证各外圆直径及台阶面与工件轴线的几何公差和各个圆柱面的表面粗糙度要求。

2. 车台阶轴的方法

车台阶轴时，应分粗车和精车。粗车时为减小刀尖所受的压力，增加背吃刀量，90°外圆车刀可以在安装时小于90°。车削时，台阶长度除第一段（即端头）台阶长度略短外（留出精车余量），其余各段均车至尺寸要求的长度。

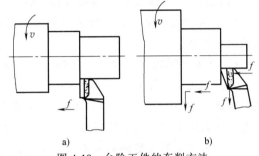

精车台阶轴时，为了保证台阶端面与轴线垂直，90°外圆车刀应取大于90°的主偏角（一般为92°左右）。车削时在机动进给精车外圆接近台阶处时要以手动进给代替机动进给。当车到台阶端面时，变纵向进给为横向进给，移动中滑板由里向外慢慢精车台阶端面，以

图 4-10　台阶工件的车削方法

a）车低台阶　b）车高台阶

确保台阶端面对轴线的垂直度和表面粗糙度符合要求，如图4-10所示。

3. 台阶长度的控制和测量方法

（1）台阶长度的控制方法　车台阶时，想要准确掌握台阶的长度，应该按图样尺寸选择正确的测量基准，若基准选择不当，会造成累积误差（尤其是多台阶的工件）而影响工件的加工质量。台阶长度的控制方法和圆柱面长度的控制方法相似，粗车时根据台阶长度用刀尖在工件表面划线痕，控制车削长度；精车时用刻度盘、游标卡尺或深度游标卡尺等来控制台阶长度尺寸，如图4-11所示。

（2）台阶长度的测量方法　测量长度尺寸一般用钢直尺，如果精度要求较高，可以用深度游标卡尺、卡钳或专用样板等来测量，如图4-12所示。

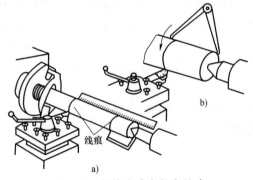

图 4-11　划线痕确定长度尺寸

a）用钢直尺测量　b）用卡钳测量

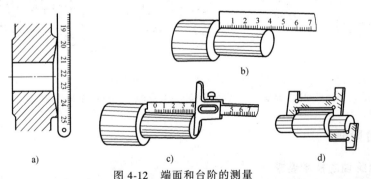

图 4-12　端面和台阶的测量

a）、b）用钢直尺　c）用深度游标卡尺　d）用样板

4. 台阶轴的调头找正和车削

根据习惯的调头找正的方法，应先找正卡爪处的工件外圆，然后再找正探出端头的外圆（一般用铜锤或木槌），需反复多次找正后才能车削。

三、游标卡尺（深度游标卡尺）和外径千分尺

1. 游标卡尺（深度游标卡尺）

（1）游标卡尺的结构 游标卡尺的结构很多，现以常用的三用游标卡尺为例来说明。三用游标卡尺的结构如图 4-13 所示，它是由主尺 3 和副尺（游标）5 组成，拧松固定副尺用的螺钉 4 即可测量。下量爪 1 用来测量工件的外径或长度，上量爪 2 用来测量孔径或槽宽，深度尺 6 用来测量工件的深度。测量时，移动副尺使量爪与工件接触，量取尺寸后应把螺钉拧紧后再读数，以防尺寸变动。

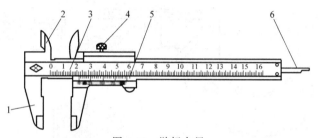

图 4-13 游标卡尺

1—下量爪 2—上量爪 3—主尺 4—螺钉 5—副尺（游标） 6—深度尺

（2）游标卡尺的读数原理及读数方法 游标卡尺的读数精度是利用主尺和副尺刻线间距离之差来确定的，现将具体的读数原理介绍如下。

以精度为 0.02mm（1/50）的游标卡尺为例，主尺每小格为 1mm，副尺刻线总长为 49mm 并等分为 50 格，因此每格为 49mm/50 = 0.98mm，则主尺和副尺相对一格之差为（1-0.98）mm = 0.02mm，所以它的测量精度为 0.02mm。根据这个刻线原理，如图 4-14a 所示，如果副尺第 11 根刻线与主尺刻线对齐，则小数尺寸的读数为 0.02×11mm = 0.22mm。同理图 4-14b 所示的尺寸为（60+0.48）mm = 60.48mm。

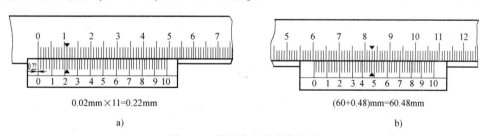

0.02mm×11=0.22mm

a)

(60+0.48)mm=60.48mm

b)

图 4-14 游标卡尺的读数方法

2. 千分尺

千分尺是生产中最常用的精密量具之一，它的测量精度一般为 0.01mm，由于测微螺杆的精度受到制造上的限制，其移动量通常为 25mm，所以常用的千分尺测量范围分别为 0～25mm、25～50mm、50～75mm、75～100mm 等，规格每隔 25mm 为一档。根据用途的不同，千分尺可分为外径千分尺、内径千分尺、内测千分尺、深度千分尺和螺纹千分尺等。各种千

分尺虽然种类和用途不同，但基本原理都是利用测微螺杆的移动进行测量。

（1）千分尺的结构　外径千分尺的结构如图 4-15 所示，它由尺架 1、砧座 2、测微螺杆 3、锁紧装置 4、固定套筒 6、微分筒 7 和测力装置 10 等组成。尺架右端的固定套筒 6（上面有刻线）固定在螺纹轴套 5 上，而螺纹轴套 5 又和尺架 1 紧密配合成一体。测微螺杆 3 的中间是精度很高的外螺纹，与螺纹轴套 5 的内螺纹精密配合。当配合间隙增大时，可利用螺母 8 依靠锥面调节。测微螺杆 3 另一端的外圆锥面与接头 9 的内圆锥面相配合，并与测力装置 10 连接。由于接头 9 上开有轴向槽，依靠圆锥面的胀力使微分筒 7 与测微螺杆 3 和测力装置 10 结合成一体。旋转测力装置 10 时，就会带动测微螺杆 3 和微分筒 7 一起旋转，并沿轴向移动，即可测量尺寸。

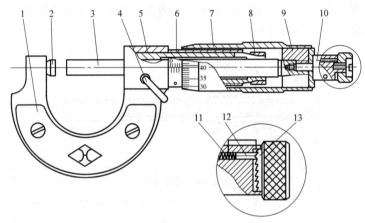

图 4-15　外径千分尺的结构

1—尺架　2—砧座　3—测微螺杆　4—锁紧装置　5—螺纹轴套　6—固定套筒　7—微分筒
8—螺母　9—接头　10—测力装置　11—弹簧　12—棘轮爪　13—棘轮

测力装置 10 是使测量面与被测工件接触时保持恒定的测量力，以便测出正确的尺寸。棘轮爪 12 在弹簧 11 的作用下与棘轮 13 啮合，当转动测力装置 10 时，千分尺两测量面接触工件，超过一定压力时，棘轮 13 沿着棘轮爪 12 的斜面滑动，发出"嗒嗒"响声，这时就可读出工件尺寸。

测量时，为了防止尺寸变动，可转动锁紧装置 4 通过偏心锁紧测微螺杆。在测量前，千分尺必须校正零位，如果零位不准，可用专用扳手转动固定套筒 6。当零线偏移较多时，可松开紧固螺钉，使测微螺杆 3 与微分筒 7 松动，再转动微分筒 7 来对准零位。

（2）千分尺的工作原理及读数方法

1）工作原理。千分尺测微螺杆 3 的螺距为 0.5mm，固定套筒 6 上刻线每格的距离为 0.5mm。当微分筒 7 旋转一周时，测微螺杆 3 就移动 0.5mm，微分筒 7 的圆周斜面上共刻 50 格，因此当微分筒 7 转一格时（1/50 转），测微螺杆 3 移动 0.5mm/50 = 0.01mm，所以常用千分尺的测量精度为 0.01mm。

2）读数方法。

① 先读出固定套筒 6 上露出刻线的整毫米数和半毫米数。

② 看准微分筒 7 上哪一格与固定套筒 6 的基准对准，读出小数部分（百分之几毫米）。为精确确定小数部分的数值，读数时应从固定套筒 6 的中线下侧刻线看起，如微分筒 7 的旋

转位置超过半格，读出的小数应加 0.5mm。

③ 将整数和小数部分相加，即为被测工件的尺寸。

图 4-16 所示是千分尺所表示的尺寸，图 4-16a 中的尺寸为（12+0.24）mm = 12.24mm，图 4-16b 中的尺寸为（32.5+0.15）mm = 32.65mm（图中小数部分大于 0.5mm，所以除由微分筒 7 的圆周刻线上读得 0.15mm 之外，还应加上 0.5mm）。

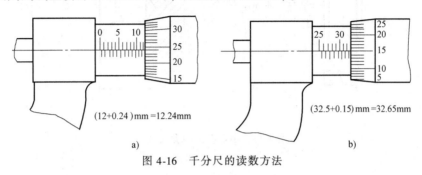

（12+0.24）mm=12.24mm

a)

（32.5+0.15）mm=32.65mm

b)

图 4-16　千分尺的读数方法

四、用一夹一顶和两顶尖装夹车轴类工件

1. 中心孔的种类及作用

在车削过程中，对需多次装夹才能完成车削工作的轴类工件，为保证图样尺寸要求的各种几何公差（如同轴度、圆度、垂直度等），一般先在工件两端钻出中心孔，然后采用两顶尖装夹或一夹一顶装夹，这样既便于工件达到图样的尺寸技术要求，又便于工件的多次装卸。

（1）中心孔的种类　国家标准 GB/T 145—2001 规定中心孔有 A 型（不带护锥）、B 型（带护锥）、C 型（带螺孔）和 R 型（弧形）四种，如图 4-17 所示。中心孔的规格用直径 d 来标识。

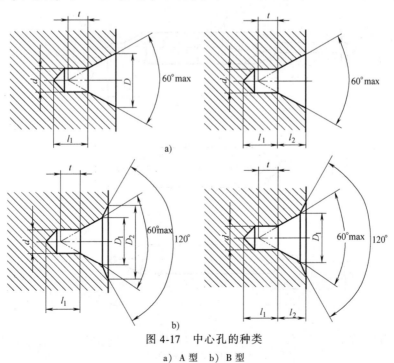

a)

b)

图 4-17　中心孔的种类

a）A 型　b）B 型

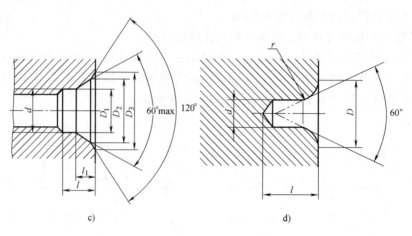

图 4-17　中心孔的种类（续）

c）C 型　d）R 型

（2）各类中心孔的作用

1）A 型中心孔：一般适用于不需多次装夹或不保留中心孔的零件。

2）B 型中心孔：一般适用于需多次装夹的零件

3）C 型中心孔：一般在需要把其他零件轴向固定在轴上时采用。

4）R 型中心孔：一般在轻型和高精度轴上采用。

2. 中心钻

常用的中心钻有 A 型、B 型和 R 型三种，直径 $\phi6.3mm$ 以下的中心钻材料常用高速钢，如图 4-18 所示。

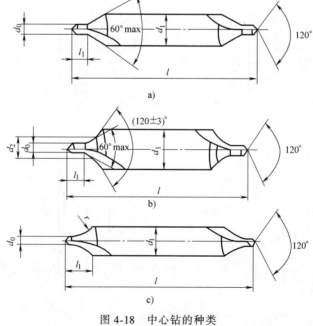

图 4-18　中心钻的种类

a）A 型　b）B 型　c）R 型

3. 中心钻的装夹及钻中心孔的方法

1) 中心钻安装在钻夹头体上。用钻夹头钥匙逆时针方向旋转钻夹头的外套，使钻夹头的三个卡爪张开，然后将中心钻插入三个卡爪中间，再用钻夹头钥匙顺时针方向转动钻夹头外套，直至将中心钻夹紧为止。

2) 钻夹头安装在车床尾座锥孔中。先擦净钻夹头柄部和尾座锥孔，然后将钻夹头柄部用力插入尾座锥孔中。

3) 校正尾座中心。工件装夹在卡盘上，开动车床，移动尾座，使中心钻接近工件端面，观察中心钻钻头尖是否与工件的回转中心正对，若不正对应找正，然后紧固尾座。

4) 转速的选择和钻削。由于中心钻直径小，钻孔时应取较高的转速，进给量应适中而均匀。当工件材质较硬时，可以适当加入切削液冷却润滑。

4. 中心钻使用的注意事项

① 中心钻的轴线必须与工件的回转中心正对。

② 钻孔时中心钻应及时进退，以便清除切屑，并及时注入切削液。

③ 中心钻易折断的原因：工件端面中心部位有凸起；中心钻未对准工件的回转中心；移动尾座时不小心撞断；转速太低，进给太快；中心钻磨损。

④ 中心钻不得钻得太深，否则顶尖不能与60°锥孔接触，影响加工质量。

⑤ 注意中心钻的磨损状况，磨损后不能强行使用，以避免折断中心钻。

⑥ 中心孔钻削完毕时，中心钻应在孔中停留片刻。

5. 用一夹一顶装夹车轴类零件的方法

在生产过程中，在车削一般轴类工件，特别是大而重的工件时，安装的稳定性较差，因此，切削用量的选择受到了限制。这时通常选用一端用卡盘夹住，另一端用活动顶尖支承来安装工件，即一夹一顶安装工件，如图 4-19 所示。为了防止轴向窜动，通常在卡盘内装一个轴向限位支承，如图 4-19a 所示；或在工件被夹持部位车削一个 10 ~ 20mm 的台阶，作为轴向限位支承，如图 4-19b 所示。

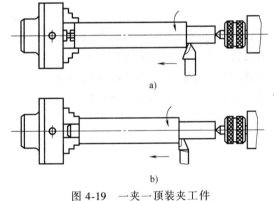

图 4-19 一夹一顶装夹工件
a) 用专用限位支承限位　b) 用工件台阶限位

一夹一顶装夹工件比较安全、可靠，特别是当工件毛坯加工余量较大时，粗车时可以选用较大的切削用量，提高了劳动效益，因此它是车工常用的装夹方法。但这种方法对于位置精度要求较高的工件，再调头车削时找正比较困难。因此在精车时经常采用两顶尖装夹车削工件。

6. 用两顶尖装夹车轴类零件的方法

(1) 顶尖　顶尖的作用是定中心，承受工件的重力和切削时的切削力。顶尖分为前顶尖和后顶尖两类。

1) 前顶尖。前顶尖随同工件一起转动，与中心孔无相对运动，其类型有两种（图 4-20）：一种是插入主轴锥孔内的锥体前顶尖（图 4-20a），适合批量生产；另一种是夹在卡盘上的自制前顶尖（图 4-20b），这种顶尖在卡盘上拆下后，当需要再用时必须将锥面重新修整，以保证顶尖锥面中心与主轴的回转中心重合。顶尖的特点是安装制造方便，定心准确，但顶尖硬度不高，容易磨损，适合于小批量生产。

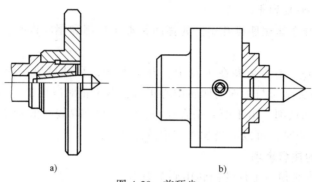

图 4-20　前顶尖

a）锥体前顶尖　b）自制前顶尖

2）后顶尖。后顶尖是插入尾座套筒锥孔中的顶尖，分为普通固定顶尖、硬质合金固定顶尖及回转顶尖，如图 4-21 所示。普通固定顶尖的优点是定心好、刚性好，切削时稳定性好，缺点是如与工件中心孔间有相对滑动时易磨损，易产生大量热量，会把顶尖或中心孔烧坏，因此只能用于低速切削；硬质合金固定顶尖可用于高速切削，但要加注润滑油。为了减小后顶尖与工件中心孔间的摩擦，常使用回转顶尖，这种顶尖将顶尖与中心孔的滑动摩擦变成顶尖内部轴承的滚动摩擦，而顶尖与中心孔间无相对运动，故能承受很高的转速，克服了固定顶尖的缺点，是目前生产中应用最多的顶尖，其不足是定心精度和刚性较差。

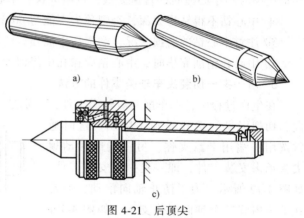

图 4-21　后顶尖

a）普通固定顶尖　b）硬质合金固定顶尖　c）回转顶尖

（2）工件的安装与加工方法

1）工件的安装

① 分别安装前、后顶尖（要先擦净顶尖和尾座锥孔），然后向主轴箱方向移动尾座，对准前顶尖中心，如图 4-22 所示。

② 根据工件长度调整好尾座位置并紧固。

③ 用鸡心夹头或对分夹头夹紧工件一端的适当部位，拨杆伸出轴端。因两顶尖对工件只起定心和支承作用，故必须通过夹头的拨杆来带动工件旋转，如图 4-23 所示。

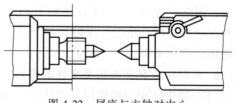

图 4-22　尾座与主轴对中

④ 将工件夹有鸡心夹头一端的中心孔放置在前顶尖上，并使拨杆贴近卡盘或插入拨盘的凹槽中。

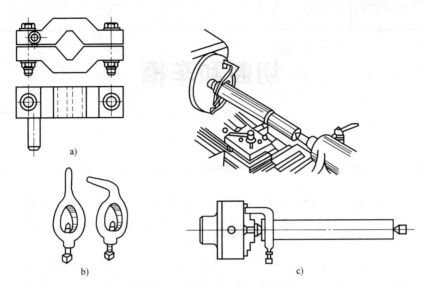

图 4-23 用夹头装夹工件

a）对分夹头 b）鸡心夹头 c）拨杆伸出轴端

⑤ 转动尾座手轮，使后顶尖顶入工件尾端的中心孔，其松紧程度以工件没有轴向窜动为宜。如果后顶尖采用固定顶尖，应加润滑脂，然后将尾座套筒的锁紧手柄压紧。

2）工件的加工方法。一般情况下，由两顶尖装夹加工的轴类工件，都是在粗车完外圆后留下少量加工余量的工件。因为由两顶尖装夹加工刚性较差，不宜承受较大的切削力。半精车外圆后，测量工件两端直径，根据测量结果，调整尾座的偏移方向与偏移量。如果工件右端直径大，左端直径小，尾座应向操作者方向移动；如果工件右端直径小，左端直径大，尾座应向远离操作者方向移动。

半精车时，背吃刀量不宜过大。精车时，选用主偏角较大的车刀（如 90°外圆车刀），车刀前角较大，主切削刃要锋利，防止因工件刚性差，车削时易产生振动。

7. 操作要点

1）以一夹一顶的方式车削时，在背向力的作用下，工件容易产生轴向位移。因此要求操作者随时注意后顶尖的转动情况，并及时调整，以防发生事故。

2）后顶尖支顶不能过紧或过松，过紧易烧坏固定顶尖和工件中心孔，过松会使工件产生跳动，外圆变形。

3）粗车时，背吃刀量不能太大，且应先找正锥度。

4）注意锥度的方向性。

5）台阶处要清角。

6）操作时要注意安全，要合理选择切削用量，防止产生不断屑的带状切屑。

第五章

切断和车槽

在车削加工中,把棒料或工件切成两段或数段的加工方法称为切断。一般采用正向切断法,即车刀横向进给进行车削。切断的关键是切断刀几何参数的选择及其刃磨,以及选择合理的切削用量。

车削外圆及轴肩部分的沟槽,称为车外沟槽。常见的外沟槽有外圆沟槽、外圆端面沟槽、圆弧沟槽和45°外沟槽等。外沟槽的作用一般是为了磨削时容易退刀和在砂轮磨削端面时保证肩部垂直。在车削螺纹时,为了保证螺纹的有效长度和退刀方便,一般也在根部切有沟槽。同时切沟槽的另一个重要作用是使零件在装配时有一个正确的轴向定位。

一、切断刀和车槽刀

1. 切断刀和车槽刀的几何角度

切断与车槽是车工的基本操作技能之一,影响其加工质量的关键因素是刀具的刃磨。切断刀以横向进给为主,前端的切削刃为主切削刃,两侧的切削刃是副切削刃。切断刀和车槽刀的几何形状相似,刃磨方法也基本相同,只是刀头部分的宽度和长度有些区别,切断刀与车槽刀有时也通用。一般切断刀的主切削刃较窄,刀体较长,因此刀体强度较差,在选择刀体的几何参数和切削用量时,要特别注意提高切断刀的强度。

（1）高速钢切断刀和车槽刀的几何角度（图5-1）

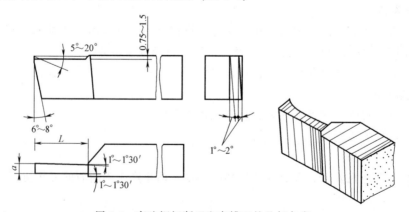

图 5-1　高速钢切断刀和车槽刀的几何角度

1）前角（γ_o）。$\gamma_o = 5° \sim 20°$。

2）后角（α_o）。一般取 $\alpha_o = 6° \sim 8°$。

3）副后角（α_o'）。切断刀有两个对称的副后角 $\alpha_o' = 1° \sim 2°$。

4）主偏角（κ_o）。$\kappa_o = 90°$。

5）副偏角（κ_r'）。$\kappa_r' = 1° \sim 1°30'$。

6）主切削刃宽度（a）。主切削刃太宽会因切削力太大而产生振动，容易损坏刀具；主切削刃太窄又会削弱刀体强度。通常，计算主切削刃宽度的经验公式为

$$a \approx (0.5 \sim 0.6)\sqrt{d}$$

式中　a——主切削刃宽度（mm）；

　　　d——工件待加工直径（mm）。

7）刀体长度（L）。刀体太长也容易引起振动并使刀体折断，如图 5-2 所示。刀体长度的计算公式为

$$L = h + (2 \sim 3)$$

式中　L——刀体长度（mm）；

　　　h——切入深度（mm）。

8）断屑槽。切断刀的断屑槽要根据被切工件的实际情况来决定，工件材质较软（如铝、铜）时，断屑槽可以磨得较深且圆滑一些，这样切削时散热快，排屑顺畅。反之切削较硬的工件时，断屑槽不易磨得太深，一般为 0.75 ~ 1.5mm，以保证刀头强度。

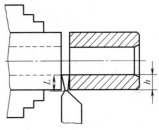

图 5-2　切断刀的刀体长度

（2）硬质合金切断刀　用硬质合金切断刀高速切断工件时，切屑和工件槽宽相等时容易堵塞在槽内。为了排屑顺利，可把主切削刃两边倒角或刃磨成人字形。高速切断时，会产生大量的切削热，为了保证刀具的寿命，在切断时应浇注充分的切削液。为了增加刀体的强度，常将切断刀体下部做成凸圆弧形。

2．切断刀和车槽刀的刃磨方法

1）先磨两副后刀面，以获得两侧副偏角和两侧副后角。刃磨时，注意两副后角应平直、对称，同时得到需要的主切削刃宽度。

2）其次磨后刀面，同时磨出后角，保证主切削刃平直。

3）最后磨切断刀前刀面的断屑槽，具体尺寸按工件材料性能而定。为了保护刀尖，在两刀尖上各磨一个小圆弧过渡刃。

3．切断刀和车槽刀的安装

1）为了改善切断刀和车槽刀的刚性，安装时刀头不宜伸出过长。

2）切断刀和车槽刀的中心线必须与工件轴线垂直，以保证两副偏角对称。否则切断面和车出的槽壁不平直。

3）切断实心工件时，切断刀的主切削刃必须与工件中心等高，否则不能车到中心，而且容易崩刀，甚至折断车刀。

4）切断刀和车槽刀的底平面应平整，以保证两个副后角对称。

二、车槽和切断

1．车外沟槽的方法与测量

1）调整主轴转速，车槽的切削速度应略低于切断的切削速度。

2）车削精度不高和宽度较窄的矩形或圆弧沟槽时，可用刀宽等于槽宽的车槽刀，采用一次直进法加工。

3）车削较宽的矩形或圆弧沟槽时，可采用多次直进法加工，并留有加工余量，然后根据槽宽、槽深进行精车。

4）一般用卡尺对沟槽进行测量。

2. 切断

（1）切断的方法

1）直进法切断工件。所谓直进法，是指沿垂直于工件轴线方向进行切断（图5-3a）。

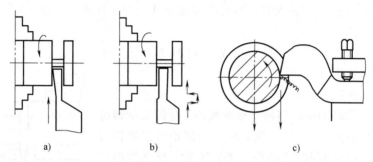

图 5-3　切断工件的方法

a）直进法　b）左右借刀法　c）反切法

直进法切断效率高，但对车床切削用量的选择、切断刀的刃磨和安装都有较高的要求，否则容易造成刀头折断。

2）左右借刀法切断工件。在切削系统（刀具、工件、车床）刚性不足的情况下，可采用左右借刀法切断（图5-3b）。这种方法是指切断刀在轴线方向反复地往返移动，随之两侧径向进给，直至工件被切断。

3）反切法切断工件。反切法是指工件反转，车刀反向装夹（图5-3c）。这种切断方法宜用于直径较大工件的切断。采用这种方法切断时，主轴不容易产生上下跳动，切屑不会堵塞在槽中，切削比较顺利。但必须注意，采用此法切断时，卡盘与主轴的连接部分必须有保险装置，否则卡盘会因反转而脱离主轴，造成事故。

（2）切断时切削用量的选择　由于切断刀的刀体强度较差，在选择切削用量时应适当减小其数值。

1）背吃刀量（a_p）。切断、车槽均为横向进给切削，背吃刀量是垂直于已加工表面方向所量得的切削层宽度的数值，所以切断时的背吃刀量等于切断刀切削刃的宽度。

2）进给量（f）。一般用高速钢切断刀切断钢件时，$f = 0.05 \sim 0.1$mm/r；切断铸铁件时，$f = 0.1 \sim 0.2$mm/r。用硬质合金切断刀切断钢件时，$f = 0.1 \sim 0.2$mm/r；切断铸铁件时，$f = 0.15 \sim 0.25$mm/r。

3）切削速度（v_c）。用高速钢切断刀切断钢件时，$v_c = 30 \sim 40$m/min；切断铸铁件时，$v_c = 15 \sim 25$m/min。用硬质合金切断刀切断钢件时，$v_c = 80 \sim 120$m/min；切断铸铁件时，$v_c = 60 \sim 100$m/min。

3. 减小切断振动与预防刀体折断的方法

（1）减小切断振动的方法　切断工件时经常会引起振动而使切断刀损坏，减小振动可采取以下几点措施。

1）适当加大前角，但不能过大，一般应控制在 20° 以下，以减小切削阻力。同时适当减小后角，让切断刀的切削刃部分起消振作用，使工件稳定，防止工件产生振动。

2）在切断刀主切削刃中间磨 R0.5mm 左右的凹槽，这样不仅能起消振的作用，还能起导向作用，保证切断面的平直性。

3）大直径工件宜采用反切法切断，可防止振动，排屑也方便。

4）根据工件直径，选用适宜的主切削刃宽度。主切削刃太窄，切削部分强度减弱；主切削刃太宽，切断阻力大而容易引起振动。

5）改变刀柄的形状，改善刀柄的刚性，刀柄下面做成"鱼肚形"，可减弱或消除切断时的振动现象。

（2）预防刀体折断的方法

1）增强刀体强度，切断刀的副后角或副偏角不宜过大，前角也不宜过大，否则容易产生扎刀现象，使刀体损坏。

2）切断刀应安装正确，不得歪斜或高于、低于工件中心。

3）切断毛坯工件前，应先将外圆车圆，在切断或开始切断时进给量要小。

4）手动进给切断时，摇动手柄要连续、均匀，若切削中必须停机时，应先退刀，后停机。

第六章

孔 加 工

在机器中，很多零件因配合和支承的需要，不仅有外圆柱面，还有内圆柱面。如各种轴承套、齿轮等。作为配合的孔，一般都要求较高的尺寸精度、较高的几何精度和较小的表面粗糙度值。

孔的加工是在工件内部进行的，尤其是孔小而深时，观察切削情况非常困难，而刀杆的长度由于受到孔径和孔深的限制，刚性较差，加工孔时排屑和冷却也较为困难。

一、麻花钻的刃磨

1. 麻花钻的组成

麻花钻是机械加工中最常用的钻孔工具，其组成如图 6-1 所示。

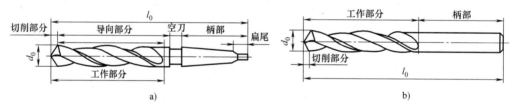

图 6-1 麻花钻的组成

a）锥柄 b）直柄

（1）柄部 柄部是麻花钻的夹持部分，其作用是定心和传递转矩。麻花钻的柄部有直柄和锥柄两种。

（2）颈部 颈部位于工作部分和柄部之间。中大直径钻头在颈部标注商标、钻头直径和材料牌号，颈部也是制作大直径钻头时两种材料的连接处。

（3）工作部分 工作部分包括切削部分和导向部分，导向部分有两条刃带和螺旋槽，刃带的作用是引导钻头，螺旋槽的作用是向孔外排屑。切削部分的两个主切削刃担负着切削工作。

2. 麻花钻的角度及其刃磨

（1）螺旋角 麻花钻螺旋槽表面与外圆柱表面的交线为螺旋线，该螺旋线与钻头轴线的夹角为钻头螺旋角，记为 β，如图 6-2 所示。β 可由下式计算

$$\tan\beta = \frac{\pi d_0}{P_h}$$

式中 d_0——钻头直径；

P_h——麻花钻螺旋槽导程；

β——螺旋角（公称螺旋角，即外圆处螺旋角）。

螺旋角大的钻头切削刃锋利，但螺旋角过大时，会使钻头切削刃处的强度减弱，散热条件变差。一般螺旋角在 $18° \sim 30°$ 之间。

（2）切削部分　切削部分的组成如图 6-3 所示。

1）前刀面：是切屑流经的螺旋槽表面，起容屑、排屑作用。

2）后刀面：是与加工表面相对的表面。

3）副后刀面：是与已加工表面（孔壁）相对的钻头外圆柱面上的窄棱面。

（3）切削刃　切削刃如图 6-4 所示。钻头的主切削刃可分为三段切削刃：

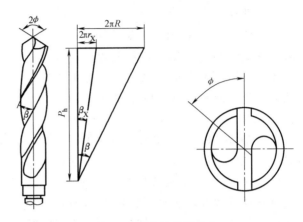

图 6-2　麻花钻的螺旋角

1）主切削刃是前刀面与后刀面的交线，标准麻花钻的主切削刃为直线（或近似直线）。

2）副切削刃是前刀面与副后刀面（窄棱面）的交线，即棱边。

3）横刃是两个（主）后刀面的交线。

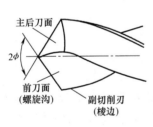

图 6-3　切削部分的组成

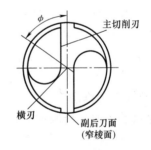

图 6-4　切削刃

（4）顶角　顶角是两条主切削刃在与其平行的平面内的投影之间的夹角，标准麻花钻的顶角是设计、制造、刃磨时的测量角度，标准麻花钻的顶角为 $2\phi = 118°$，如图 6-5 所示。

（5）横刃斜角　横刃与主切削刃在端面上的投影之间的夹角为横刃斜角 ψ，如图 6-6 所示。

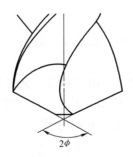

图 6-5　顶角

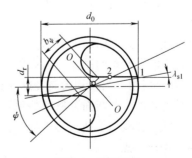

图 6-6　横刃斜角

（6）麻花钻的刃磨

1）刃磨麻花钻时，主要刃磨两个主切削刃及其后角。刃磨后的两个主切削刃首先应相互对称、等长、等高，然后再根据加工材料的性质选择磨出的顶角和后角的大小。

2）刃磨时，操作者站在砂轮机左边，右手握住麻花钻的头部，左手握住柄部，摆平麻花钻的主切削刃，如图6-7所示。

3）刃磨时，主切削刃接触砂轮，右手靠在砂轮的搁架上作为定位支点，左手握住钻头柄部做上下摆动。左手在下压钻头柄部的同时，右手应使钻头做顺时针方向转动（约40°），下压角度为15°~20°，翻转180°，磨出另一边的主切削刃。

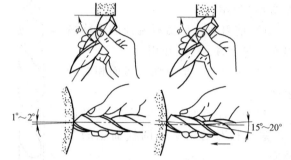

图6-7　刃磨麻花钻

4）刃磨时，两手动作应协调自然，由切削刃向刃背方向刃磨，并将两后刀面反复轮换进行刃磨。如有样板，可用样板检查钻头的顶角和横刃斜角。

3. 麻花钻的刃磨要求和修磨

（1）麻花钻的刃磨要求　麻花钻的刃磨质量直接影响钻孔质量、钻削效率及钻头寿命。刃磨时，应该达到下列两个要求。

1）如前所述，刃磨时，麻花钻的两条主切削刃应对称，也就是钻头的两条主切削刃与钻头轴线成相同的角度，并且长度相等、高度相等。

2）钻头横刃斜角应为55°。

（2）刃磨钻头口诀　钻刃摆平轮面靠，钻轴左斜出顶角，由刃及背磨后面，上下摆动尾别翘。

（3）麻花钻的修磨

1）修磨前刀面。修磨前刀面有两种情况：修磨外缘处前刀面是为了减小外缘处的前角；修磨横刃处前刀面是为了增大横刃处的前角。修磨原则是：工件材料较软时，可修磨横刃处前刀面，以增大前角、减小切削力，使切削轻快；工件材料较硬时，可修磨外缘处前刀面，以减小前角，增加麻花钻强度。

2）修磨横刃。修磨横刃就是要缩短横刃的长度，增大横刃处前角，减小进给力。

3）双重刃磨。钻头外缘处的切削速度最高，钻削时产生的热量最大、磨损最快，因此可磨出双重顶角，这样可以改善外缘转角处的散热条件，增加钻头强度，并可减小孔的表面粗糙度值。

4）修磨棱边。在使用直径较大的钻头或钻削较软的材料和精度要求较高的孔时，为了减小钻头棱边与孔壁的摩擦，可以修磨棱边的后刀面，使棱边变窄。

5）开分屑槽。当使用大直径麻花钻时，可以在钻头的主切削刃和后刀面开分屑槽。刃磨时，要注意将左右两面分屑槽的位置相互错开，这样可以使钻头形成多个切削刃，既分散了钻头的应力又减小了钻头的进给力，降低了切削热，提高了钻孔的效率。

（4）操作要点

1）麻花钻刃磨时要做到动作正确规范，安全文明操作。

2）刃磨高速钢钻头时，要注意充分冷却。

3）刃磨麻花钻时，钻头柄部向上摆动时不能高出水平线，以防磨出负后角。

4）钻头柄部向下摆动时幅度不能过大，以防磨掉另一主切削刃。

5）随时检查两条主切削刃的长度及两条主切削刃与钻头轴线的夹角是否相等。

6）建议先用废旧麻花钻练习刃磨。

二、内孔车刀的刃磨

一般对于铸造、锻造或用钻头钻出的孔，为达到图样所要求的位置精度、尺寸精度和表面粗糙度，可采用车孔的方法。车孔是孔加工的基本方法之一，车孔一般可作为孔加工的半精加工乃至精加工工序。车孔的尺寸公差等级一般可达 IT7～IT8，表面粗糙度 Ra 值可达 $1.6～3.2\mu m$，精细加工后可达 $0.8\mu m$。车削内孔需要用内孔车刀，其切削部分基本与外圆车刀相似，只是多了一个弯头。

1. 内孔车刀的种类

根据加工情况的不同，内孔车刀一般可分为通孔车刀和不通孔车刀两种，如图 6-8 所示。

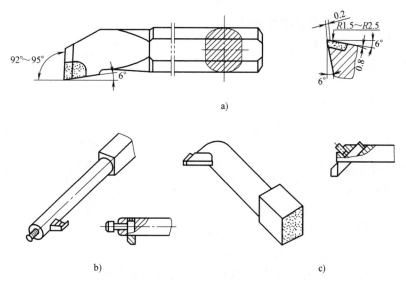

图 6-8　内孔车刀

a）整体式　b）通孔车刀　c）不通孔车刀

（1）通孔车刀　通孔车刀切削部分的几何形状基本与外圆车刀相同（图 6-8b），为了减小径向切削力并防止振动，主偏角一般取 60°～75°，副偏角一般取 15°～30°。为了防止内孔车刀后刀面和孔壁发生摩擦，以及不使内孔车刀的后角磨得太大，一般磨成两个后角 α_{o1} 和 α_{o2}，其中 α_{o1} 取 6°～12°，α_{o2} 取 30°左右。

（2）不通孔车刀　不通孔车刀用于车台阶孔或不通孔，其切削部分的几何形状基本与外圆车刀相同（图 6-8c），它的主偏角大于 90°，一般为 93°左右，如图 6-8a 所示，副偏角为 3°～6°，后角为 8°～12°。不同之处是不通孔车刀刀尖在刀杆的最前端，刀尖到刀杆外端的距离应小于内孔半径 R，否则无法车平孔的底面，车内孔台阶时，只要不碰孔壁即可。

内孔车刀可制成整体式，如图 6-8a 所示，为增加刀柄强度，也可用高速钢或硬质合金制成较小刀头（也称机夹刀头），安装在由碳钢或合金钢制成的刀柄前端或方孔中，并在顶端或上面用螺钉固定，如图 6-8b、c 所示。

（3）内孔车刀断屑槽方向的选择　当内孔车刀的主偏角为 60°～75° 时，在主切削刃方向刃磨断屑槽，能使切削刃锋利，切削轻快，在背吃刀量较大的情况下，仍然能保持切削平稳，因此比较适用于粗加工；如果在副切削刃方向刃磨断屑槽，在背吃刀量较小的情况下，能达到较好的加工表面质量，比较适用于精加工，如图 6-9 所示。当内孔车刀的主偏角大于90° 时，在主切削刃方向刃磨断屑槽，适用于纵向切削；在副切削刃方向刃磨断屑槽，适用于横向切削。

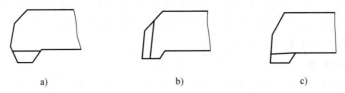

图 6-9　内孔车刀断屑槽的方向

a）、c）断屑槽在副切削刃方向　b）断屑槽在主切削刃方向

2. 内孔车刀的刃磨步骤及注意事项

（1）内孔车刀的刃磨步骤

1）粗磨前刀面。

2）粗磨后刀面。

3）粗磨副后刀面。

4）精磨前刀面，并刃磨出断屑槽。

5）精磨后刀面。

6）精磨副后刀面。

7）修磨刀尖圆弧。

（2）内孔车刀刃磨时的注意事项

1）刃磨高速钢内孔车刀时，要及时冷却。

2）内孔车刀的几何角度不能过大或过小。

3）刃磨断屑槽前，应先修整砂轮边缘处，使之成为小圆角。

4）断屑槽不能磨得太宽，以防车内孔时排屑困难。

三、钻孔和扩孔

1. 麻花钻的选用与安装

（1）麻花钻的选用　对于精度和表面粗糙度要求不高的内孔，可以用麻花钻直接钻出，不再加工；对于精度和表面粗糙度要求较高的内孔，钻孔后还要再经过车削、扩孔或铰孔才能完成加工，在选用麻花钻时应留出下道工序的加工余量。选用麻花钻长度时，一般应使麻花钻的螺旋槽部分略长于孔深，若钻头过长会导致刚性差、稳定性不好，排屑较困难。

（2）麻花钻的安装　直柄麻花钻用钻夹头装夹，再将钻夹头的锥柄插入尾座锥孔；锥柄麻花钻可直接或用莫氏变径套插入尾座锥孔。

2. 钻孔时切削用量的选择及切削液的用法

（1）背吃刀量（a_p） 钻孔时的背吃刀量是麻花钻直径的 1/2，如图 6-10 所示，它是随着麻花钻直径的大小而改变的。

（2）切削速度（v_c） 钻孔时的切削速度是指麻花钻切削刃外缘处的线速度，其计算公式为

$$v_c = \frac{\pi n D}{1000}$$

式中 v_c——切削速度（m/min）；

D——麻花钻的直径（mm）；

n——主轴转速（r/min）。

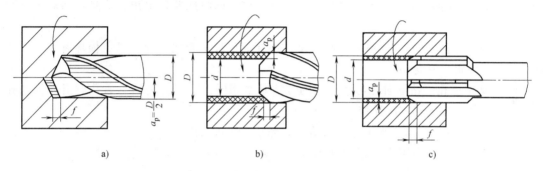

图 6-10 钻孔、扩孔、铰孔的背吃刀量
a）钻孔 b）扩孔 c）铰孔

用高速钢麻花钻钻钢件时，切削速度一般先取 $v_c = 20 \sim 40\text{m/min}$；钻铸铁件时切削速度应稍低些。在相同的切削速度下，麻花钻直径越小，转速越高。扩孔时切削速度可略高一些。

（3）进给量（f） 在车床上是用手慢慢转动尾座手轮来实现进给运动的，进给量太大会使钻头烧毁或折断，所以进给量要选取适当，如用 $\phi30\text{mm}$ 麻花钻钻钢件时，进给量为 $0.1 \sim 0.35\text{mm/r}$；钻铸铁件时，进给量为 $0.15 \sim 0.4\text{mm/r}$。

（4）钻孔时切削液的用法 钻钢件时，为了不使麻花钻发热退火，必须加注充分的切削液；钻铸铁件时，一般不加切削液。由于在车床上钻孔时（尤其是钻较深的孔），切削液很难进入切削区，所以在加工过程中应该经常退出麻花钻，以便于排屑和冷却。

3. 钻孔的步骤

（1）准备工作

1）钻孔前先将工件需钻孔的端面车平，中心处不许留凸台，以便于麻花钻准确定心。

2）找正尾座，使麻花钻中心对准工件的回转中心，否则可能会出现孔径被钻大、钻偏甚至折断麻花钻的现象。

3）根据麻花钻的直径调整主轴转速。

（2）钻通孔

1）开动车床，缓慢均匀地摇动尾座手轮，使麻花钻缓慢切入工件，待两个主切削刃完全切入工件时，加足量切削液。

2）用细长麻花钻钻孔时，为了防止钻头晃动，可在刀架上夹一挡铁，如图 6-11 所示，以支持钻头头部使钻头定心。即先用钻头尖部轻微钻进工件端面，然后缓慢摇动中滑板，移动挡铁逐渐接近钻头前端，以使钻头的中心稳定在工件回转中心的位置上，但挡铁不能将钻头支顶过工件回转中心，否则容易折断钻头。当钻头已正确定心时，挡铁即可退出。

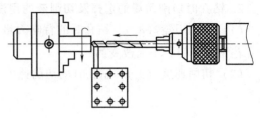

图 6-11　用挡铁支顶麻花钻

3）另一种方法是钻孔前在端面上钻出中心孔，这样既便于定心，又使钻头钻出的孔的同轴度好。

4）钻比较深的孔时，观察到切屑排出困难，应立即将麻花钻退出，清除切屑后再继续钻孔。

5）在孔即将钻通时，应减小进给速度，使孔能比较整齐地钻通，以免损坏麻花钻。钻通后，应及时退出麻花钻。

（3）钻不通孔　钻不通孔与钻通孔的方法基本相同，不同的是钻不通孔时需要控制孔的深度，具体可按下述方法操作。

1）开动车床，摇动尾座手轮，当钻头尖部开始切入工件端面时，用钢直尺量出尾座套筒的伸出长度，则钻不通孔的深度就应该为所测得的伸出长度加上孔深，如图 6-12 所示。

2）双手均匀地摇动手轮钻孔，当套筒标尺上的读数达到所要求的孔深时，退出麻花钻。

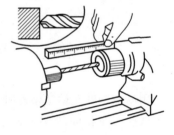

图 6-12　钻不通孔

（4）扩孔　常用的扩孔刀具是麻花钻或扩孔钻。精度要求一般的孔可用麻花钻，精度要求高的孔的半精加工可用扩孔钻。

1）用麻花钻扩孔。用麻花钻扩孔时，由于横刃不参加工作，轴向切削力小，进给力小。但因麻花钻外缘处的前角较大，容易将麻花钻拉出，使麻花钻在尾座套筒中打滑，因此，扩孔时应将麻花钻外缘处的前角修磨得小些，手摇速度（进给量）要适当，千万不能因为钻削轻松而盲目地加大手摇速度（加大进给量）。

2）用扩孔钻扩孔。扩孔钻有高速钢扩孔钻和硬质合金扩孔钻两种，如图 6-13 所示。扩孔钻在数控车床和镗床上应用较多，生产效率高，加工质量好，公差等级可达到 IT10～IT11，表面粗糙度 Ra 值可达 $6.3～12.5\mu m$，可用于孔的半精加工。

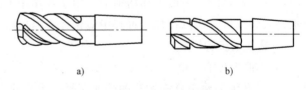

a)　　　　　　　　　　　　b)

图 6-13　扩孔钻
a) 高速钢扩孔钻　b) 硬质合金扩孔钻

4. 钻孔要点

1）将麻花钻装入尾座套筒中，使麻花钻轴线与工件回转轴线相重合，否则会使麻花钻折断。

2）钻小而深的孔时，应先用中心钻钻中心孔，以避免将孔钻歪。在钻孔过程中必须经常退出麻花钻，以清除切屑。

3）在实体材料上钻孔时，小孔径可以一次钻出，若孔径超过$\phi30mm$，则不宜用大麻花钻一次钻出，因为大麻花钻的横刃长，轴向切削阻力大，钻削时费力。此时可分两次钻出，即先用小麻花钻钻出底孔，再用大麻花钻钻出所要求的尺寸，一般情况下，小麻花钻的直径为第二次钻孔直径的 0.5~0.7 倍。

4）钻削钢件时必须浇注充分的切削液，使麻花钻冷却。钻削铸铁件时一般不用切削液。

5）选用较短的麻花钻或用中心钻先钻导向孔，初钻时进给量要小，正常钻削时要经常退出麻花钻，清除切屑后再钻。

6）检查麻花钻是否弯曲，钻夹头、钻套是否安装正确。

7）对钻孔后需铰孔的工件，由于所留铰孔的加工余量较小，因此当麻花钻钻进 1~2mm 后将麻花钻退出，停机检查孔径，以防因孔径没有铰削余量而报废。

8）钻孔前，必须将端面车平，中心处不允许有凸台。

9）钻削铝合金等金属材料时，应考虑工件材料的性能，适当提高切削速度，加大进给量。

四、车孔

1. 车直通孔

（1）车直通孔时内孔车刀的装夹　装夹时刀尖对准工件中心，精车时可略高于工件中心。刀杆应与工件内孔轴线平行且伸出长度尽可能短一些，比孔长 5~10mm 左右即可。装夹后，让车刀在孔内试车一遍，检查刀杆与孔壁是否相碰。

（2）车直通孔方法　直通孔的车削方法基本上与车外圆相同，只是进给和退刀的方向相反。

1）粗车孔。开动车床，使内孔车刀的刀尖与孔壁接触，然后车刀纵向退出。根据加工余量，确定背吃刀量，一般取 2~3mm 左右。摇动溜板箱上的手轮，缓慢移动车刀至孔的边缘，合上纵向机动进给手柄，观察切屑排出是否顺利。当车削声停止后，立即停止进给。向前横向摇动中滑板手柄，使车刀刀尖脱离孔壁。摇动溜板箱手柄，快速退出车刀。

2）精车孔。精车内孔时也要进行试车，即根据径向加工余量的一半横向进给，当车刀纵向切削至 3mm 左右时，纵向快速退刀（横向不动），然后停机测试，若孔的尺寸不到位，则需横向微量进给后再次测试，直至符合尺寸要求，才可以车出整个内孔表面。车孔时的切削用量要比车外圆时的适当减小，特别是车深孔或小孔时，切削用量应更小些。

（3）孔径测量　测量孔径尺寸时，应根据工件的尺寸精度及数值，采用相应的量具进行。如果尺寸精度要求较低，用游标卡尺测量；尺寸精度要求较高时可采用以下几种方法测量。

1）塞规。塞规由通端、止端和手柄组成，如图 6-14 所示。通端的尺寸等于孔的下极限尺寸，止端的尺寸等于孔的上极限尺寸，为了明显区别通端与止端，塞规止端的长度比通端要短一些。测量时，通端通过而止端不能通过，说明尺寸合格。测量不通孔的塞规应在外圆上沿轴向开有排气槽。

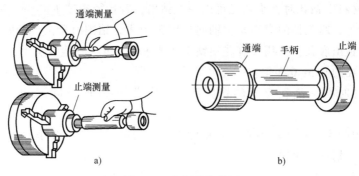

图 6-14　塞规及其使用
a）测量方法　b）塞规结构

2）内径百分表。内径百分表如图 6-15 所示，它由测量触头和各种尺寸的接长杆组成，其分度值为 0.01mm，每根接长杆上都注有尺寸和编号，可按需要选用。内径百分表的测量方法如图 6-16 所示。

2. 车台阶孔

（1）车台阶孔时内孔车刀的装夹　车台阶孔时，内孔车刀的装夹除了刀尖应对准工件中心和刀杆的伸出长度尽可能短些外，内孔车刀（内偏刀）的主切削刃应和内平面成 3°～5°的夹角，如图 6-17 所示，并且在车削内平面时要求横向有足够的退刀余地。

（2）车台阶孔的方法

1）车直径较小的台阶孔时，由于直接观察困难，尺寸精度不易掌握，所以通常采用先粗、精车小孔，再粗、精车大孔的方法进行。

2）车大的台阶孔时，在视线不受影响的情况下，通常采用先粗车大孔和小孔，再按精车大孔和小孔的方法进行。

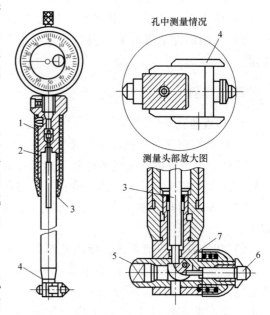

图 6-15　内径百分表
1—表架　2—弹簧　3—杆　4—定心器
5—测量触头　6—触头　7—摆动块

3）车孔径大小相差很大的台阶孔时，最好采用主偏角小于 90°（一般为 85°～88°）的车刀先进行粗车，然后用内孔车刀精车至要求的尺寸。如果直接用内孔车刀车削，背吃刀量不可太大，否则刀尖容易损坏。其原因是刀尖处于切削刃的最前部，切削时刀尖先切入工件，因此其承受的力最大，加上刀尖本身强度差，所以容易碎裂；其次，由于刀杆细长，在进给力的作用下，背吃刀量大容易产生振动和扎刀。

4）控制车孔深度的方法。粗车时，通常采用在刀杆上划线痕做记号（图 6-18a）或安放限位铜片（图 6-18b）的方法，也可用床鞍刻度盘的刻线来控制车孔深度。精车时，需用小滑板刻度盘或深度游标卡尺来控制车孔深度。

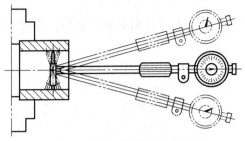

图 6-16　内径百分表的测量方法

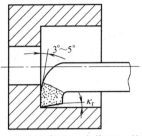

图 6-17　内孔车刀（内偏刀）的装夹

3. 车不通孔（平底孔、盲孔）

（1）车不通孔时内孔车刀的装夹　车不通孔时，内孔车刀的刀尖必须与工件的回转中心等高，否则不能将孔底车平。检验刀尖中心高的简便方法是车端面进行对刀，若端面能车至中心，则不通孔的底面也能车平。车不通孔时的内孔车刀的刀尖至刀柄外侧的距离 a 应小于内孔半径 R，如图 6-19 所示，否则切削时刀尖还未车至中心，刀柄外侧就已与孔壁的上部相碰了。

（2）车不通孔的方法

1）车端面、钻中心孔。

2）选择比孔径小 2mm 左右的麻花钻先钻出底孔（其钻孔深度从钻头顶尖量起）。然后用相同直径的平头麻花钻将孔底扩成平底，底平面留 0.5mm 左右的加工余量。

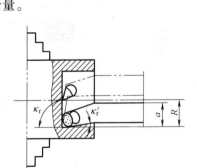

图 6-18　控制车孔深度的方法
a）划线痕做记号　b）安放限位铜片

3）粗车孔。用中滑板刻度盘控制背吃刀量（孔径留 0.5~1mm 精车余量），注意机动纵向进给车削平底孔时不要发生车刀与孔底相碰撞的现象。当床鞍刻度盘指示离孔底还有 2~3mm 的距离时，应立即停止机动进给而改用手动进给。

4）精车孔的深度时，可由孔的中心向孔壁车削。精车时用试切削的方法控制孔径尺寸，试切正确后可采用与粗车类似的进给方法，使孔径、孔深都达到尺寸要求。

4. 车孔时的注意事项

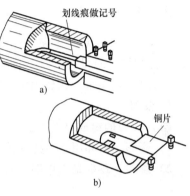

图 6-19　不通孔车刀的装夹

1）使用塞规时，应尽可能使塞规与被测工件温度一致，不要在工件还未冷却到室温时测量。测量内孔时，不可硬塞强行通过，一般应靠塞规自身重力通过；测量时塞规轴线应与孔的轴线方向一致，不可歪斜。

2）车孔时，由于工作条件差且刀柄刚性差，容易引起振动，因此车孔时的切削用量比车外圆时要小些。

3）对于铝合金材质的工件，车孔时不要加切削液，因为水和铝容易发生化学作用，使加工表面产生小针孔，在精车铝合金工件时，一般使用煤油冷却较好。

4）车削铸铁材质的工件的孔，当车至接近孔径尺寸时不要用手去触摸，以防车削困难。

5）在孔内取塞规时，应注意安全，防止与内孔车刀碰撞。

6）精车内孔时，应保持切削刃锋利，否则易产生让刀，把孔车成锥形。

7）车台阶孔与平底孔时，要求内平面平直，孔壁与内平面相交处应清角，并防止出现凹坑和小台阶。

8）应防止出现喇叭口和试刀痕迹。

9）车平底孔时，刀尖应严格对准工件的回转中心，否则孔底无法车平。

10）车刀纵向切削至底平面时，应停止机动进给，改用手动进给，防止车刀碰撞底平面。

11）用内径百分表测量前，应检查整个测量装置是否正常，如固定测量头有无松动，百分表是否灵活，指针转动后能否回到起点位置，指针对准的"零位"是否变化。

五、铰孔

铰孔是用铰刀对未淬火工件上的孔进行精加工的一种方法，在批量生产中已被广泛采用。铰孔的加工质量好、效率高、操作简便。铰孔的尺寸公差等级可达 IT7~IT9，表面粗糙度 Ra 值可达 $0.4\mu m$。因铰刀的刚性比内孔车刀好，所以更适合加工小而深的孔。

1. 铰刀

（1）铰刀的组成（图 6-20）

1）柄部。柄部用来夹持和传递转矩。

2）颈部。颈部是工作部分与柄部的连接部分。

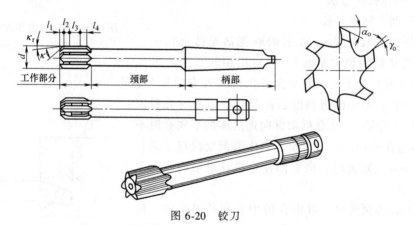

图 6-20　铰刀

3）工作部分。工作部分由引导部分（L_1）、切削部分（L_2）、修光部分（L_3）和倒锥部分（L_4）组成。引导部分是铰刀开始进入孔内的导向部分，其导向角（k）一般为 45°。切削部分担负主要的切削工作，其切削锥角较小，因此铰削时容易定心，切屑薄。修光部分上有棱边，它起定向、碾光孔壁、控制铰刀直径和便于测量等作用。倒锥部分可减小铰刀与孔壁之间的摩擦，还可防止产生喇叭形孔和孔径扩大。铰刀的前角一般为 0°，粗铰钢件时可取前角 $\gamma_o = 5° \sim 10°$，铰刀后角一般取 $\alpha_o = 6° \sim 8°$，主偏角一般取 $\kappa_r = 3° \sim 15°$。

（2）铰刀的齿数　铰刀的齿数一般为 4~8 齿，为了测量直径方便，多数采用偶数齿。

（3）铰刀的种类

1）铰刀按用途的不同分为机用铰刀和手用铰刀。机用铰刀的柄部有直柄和锥柄两种，工作部分较短，主偏角较大，标准机用铰刀的主偏角 $\kappa_r = 15°$，由于已有车床尾座定向，不必做出很长的导向部分。手用铰刀的柄部做成方榫形，以便套入扳手，用手转动铰刀来铰孔。手用铰刀的工作部分较长，主偏角较小，一般为 $\kappa_r = 40' \sim 4°$，修光部分很长，目的是在使用时容易定位。

2）铰刀按切削部分材料的不同分为高速钢铰刀和硬质合金铰刀两种。

（4）铰刀尺寸的选择 铰孔的精度主要取决于铰刀的尺寸，铰刀的制造尺寸是按照下列几个基本原则考虑的。

1）铰孔时，铰出孔的实际尺寸一般比铰刀大一些，因此首先要考虑铰孔扩张量，也就是要求新铰刀的最大直径比孔的上极限尺寸小一些。

2）为了延长铰刀的使用寿命，降低铰刀的消耗成本，铰刀应具有一定的磨损余量。

3）制造铰刀也要有一定的制造公差，一般采用经验数值，铰刀的制造公差约为孔公差的三分之一。一般可按下面的计算方法来确定铰刀的上、下极限偏差：

$$上极限偏差 = 被加工孔公差 \times 2/3$$
$$下极限偏差 = 被加工孔公差 / 3$$

2. 铰刀的装夹

在车床上铰孔时，一般将机用铰刀的锥柄插入尾座套筒锥孔中，并调整尾座套筒的轴线与车床主轴轴线重合，否则铰出的孔会出现孔口扩大或整个孔扩大的现象。但对于精度一般的车床，要求其主轴轴线与尾座轴线非常精确地在同一条线上是比较困难的，故可采用浮动套筒装置。铰削时，铰刀通过微量偏移来自动调整其中心线与孔的中心线重合，从而消除由于车床尾座套筒锥孔与主轴的同轴度误差而对铰孔质量的影响。

3. 铰孔的切削用量及方法

（1）切削用量的确定

1）铰孔前，先要经过钻孔、扩孔或车孔等粗加工和半精加工工序，并留有适当的铰削余量。余量的大小直接影响铰削质量，余量留小了，车削痕迹不能完全铰去；余量留大了，会使切屑挤塞在铰刀的齿槽中，使切削液不能进入切削区而影响铰削质量。铰削余量一般为 0.1~0.16mm，用高速钢铰刀时铰削余量取较小值，用硬质合金铰刀时取较大值。

2）铰削时的切削速度一般在 5m/min 以下，这样可以获得较小的表面粗糙度值。

3）铰孔时，由于切屑少，且铰刀上还有修光定位部分，进给量可取大一些，钢件一般取 0.2~1mm/r，铸铁件可取更大一些。

4）铰孔时，背吃刀量是铰削余量的一半。

（2）合理选择切削液 铰孔时，是否使用及使用何种切削液会影响孔的扩张量与孔的表面粗糙度。在干铰削和使用非水溶性切削液铰削的情况下，铰出的孔径要比铰刀的实际直径稍大些，其中干铰削最大。而使用水溶性切削液时，铰出的孔径要比铰刀的实际直径稍小些。用水溶性切削液铰孔时，表面粗糙度值较小；用非水溶性切削液铰孔时，表面粗糙度值较大，干铰削时表面粗糙度值最大。

铰削钢件时，用硫化乳化油；铰削铸铁件时，用煤油或柴油；铰削青铜或铝合金工件时，用 2 号锭子油和煤油。

（3）铰孔方法

1）选好铰刀。铰孔的尺寸精度和表面粗糙度在很大程度上取决于铰刀的质量，所以铰孔前应检查铰刀切削刃是否锋利和完好无损，以及铰刀的尺寸公差是否合适。

2）找正尾座中心。铰刀中心线必须与车床主轴轴线重合，若尾座中心线偏离主轴轴线，则会使铰出的孔的尺寸扩大或孔口形成喇叭口。

3）尾座应固定在床鞍上的适当位置，铰孔时尾座套筒的伸出长度在 50~60mm 的范围内，为此，可移动尾座使铰刀位于距工件端面约 5~10mm 处，然后锁紧尾座。

4）调整铰孔时的切削速度。

5）摇动尾座手轮，使铰刀引导部分轻轻进入孔口，深度约 1~2mm。

6）起动车床，加注充分的切削液，双手均匀摇动尾座手轮，进给量为 0.5mm/r，均匀地进给至铰刀切削部分的 3/4 超出孔末端时，立即反向摇动尾座手轮，将铰刀从孔内退出，此时工件应继续做主运动。

7）铰削完毕，将内孔擦净后，检查孔径尺寸。

（4）铰孔的操作要点

1）铰不通孔时，当铰刀端部与孔底接触后会产生进给力，手动进到感觉进给力明显增加时，表明铰刀端部已到孔底，应立即将铰刀退出。

2）铰较深的不通孔时，切屑排出比较困难，通常中途应增加退刀次数，用切削液和刷子清除切屑后再继续铰孔。

3）尾座偏移使铰刀与孔的中心线不重合时，应找正尾座，使铰刀中心线对准车床主轴轴线，最好采用浮动套筒。

4）装夹铰刀时，应注意锥柄和锥套的清洁。

5）根据选定的切削速度和孔径大小调整车床主轴的转速。

6）应先试铰，以免产生废品。

7）选用铰刀时应检查切削刃是否锋利，柄部是否光滑，完好无损的铰刀才能加工出高质量的孔。

8）注意铰刀保养，避免碰伤。

9）铰削钢件时，应防止产生积屑瘤，否则易增大孔壁的表面粗糙度值或使产品报废。

10）切削液不能间断，加注位置应是切削区域。

六、车内沟槽和端面槽

1. 车内沟槽

（1）内沟槽的作用　孔内的沟槽种类很多，图 6-21 所示为几种常见的内沟槽。

1）退刀用内沟槽。车内螺纹、车孔和磨孔时用于退刀（图 6-21a）；或为了拉油槽方便，两端开有退刀槽（图 6-21b）。

2）密封用内沟槽。在梯形槽中放入油毛毡，防止滚动轴承上的润滑剂溢出。

3）油、气通道内沟槽。在各种液

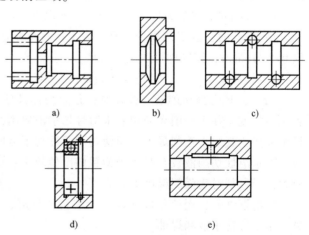

图 6-21　几种常见的内沟槽

a)、b) 退刀用内沟槽　c) 油气通道内沟槽
d)、e) 轴向定位内沟槽

压和气压滑阀中开内沟槽以通油或通气（图6-21c），这类内沟槽要求有较高的轴向位置精度。

4）轴向定位内沟槽。在轴承座内孔中的适当位置放入孔用弹性挡圈，以实现滚动轴承的轴向定位（图6-21d）；有些较长的轴套，为了加工方便和定位良好，往往在长孔中间开有较长的内沟槽（图6-21e）。

（2）内沟槽车刀　内沟槽车刀与切断刀的几何形状相似，只是内沟槽车刀用于孔内车槽。一般加工小孔中的内沟槽车刀为整体式（图6-22a）；在大直径内孔中车内沟槽的车刀，可采用装夹式（图6-22b）。内沟槽车刀的装夹应使主切削刃与内孔中心等高或略高于内孔中心，两侧副偏角应对称。

（3）内沟槽的车削方法　车内沟槽与车外沟槽的方法相似。车内沟槽时，刀杆直径受到槽深和孔径的限制，比车孔时的直径还要小，特别是车孔径小、沟槽深的内沟槽时，因为刀杆太细，刚性太差，进给非常困难；另一方面，因为孔小，排屑也非常困难，所以车内沟槽比车内孔还要困难，一定要掌握好车削速度。

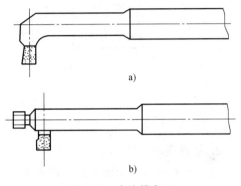

图6-22　内沟槽车刀
a）整体式　b）装夹式

对于宽度较小、深度较浅和精度要求不高的沟槽，可用主切削刃宽度等于槽宽的内沟槽车刀采用直进法一次车出（图6-23a）；对于精度要求较高或较宽而又深的内沟槽，可采用分进法分几次车出，粗车时，槽壁和槽底留精车余量，然后根据槽宽、槽深进行精车（图6-23b）；车梯形密封槽时，先用内沟槽车刀车出直槽，然后用成形车刀车削成形（图6-23c）。

车内沟槽时的尺寸控制方法：宽度较小、深度较浅的内沟槽，可直接用准确的主切削刃宽度来保证尺寸。宽沟槽可用床鞍刻度盘来控制宽度尺寸。沟槽的深度可用中滑板刻度盘来控制。轴向位置用床鞍、小滑板刻度盘或挡铁来控制。注意，在开始对刀时，必须加上主切削刃宽度。轴向尺

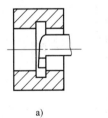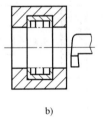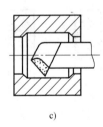

图6-23　车内沟槽的方法
a）直进法　b）分进法　c）先车直槽后用成形车刀车削

寸和槽深尺寸精度要求高的内沟槽，可用内径百分表、深度千分尺来控制。

（4）内沟槽的测量　内沟槽的直径一般用弹簧内卡钳测量，如图6-24a所示。测量时，先将弹簧内卡钳收缩，放入内沟槽，然后调整内卡钳螺母，使卡脚与槽底表面接触，测出内沟槽直径；然后将内卡钳收缩取出，恢复到原来尺寸，再用游标卡尺或外径千分尺测出卡钳张开的距离，此距离就是内沟槽的直径。内沟槽直径较大时，可以用弯脚游标卡尺测量，如图6-24b所示，内沟槽的直径等于游标卡尺的指示值与卡脚尺寸之和。

内沟槽的轴向尺寸可用钩形游标深度卡尺测量，如图6-24c所示。内沟槽的宽度可用游标卡尺或样板（当孔径较大时）测量，如图6-24d所示。

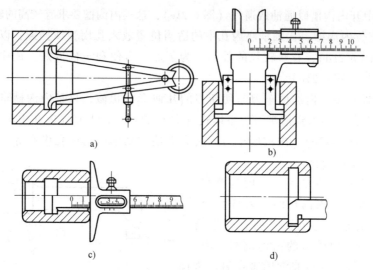

图 6-24 内沟槽的测量

a）弹簧内卡钳的应用 b）弯脚游标卡尺的应用 c）内沟槽轴向尺寸的测量 d）内沟槽宽度的测量

2. 车端面槽

端面槽有密封用端面直槽、圆弧形槽、燕尾槽和 T 形槽等，如图 6-25 所示。

（1）车槽刀的刃磨和装夹 在端面上车直槽时，端面直槽车刀是外圆车刀与内孔车刀的综合体。车槽刀左侧刀尖相当于在车内孔，右侧刀尖相当于在车外圆。其中左侧刀尖处副后刀面的圆弧半径 R 必须小于端面直槽的大圆弧半径，以防左侧后刀面与工件端面槽孔壁相碰，如图 6-26 所示。

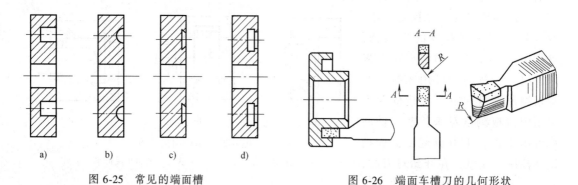

图 6-25 常见的端面槽

a）直槽 b）圆弧形槽 c）燕尾槽 d）T 形槽

图 6-26 端面车槽刀的几何形状

装夹端面直槽车刀时，一般情况下，切削刃与工件中心线等高，且车槽刀的中心线与工件轴线尽量平行。

（2）端面槽的车削方法 在端面上车槽前，一般先测量工件外径，测出实际尺寸后，减去沟槽外圆直径尺寸，再除以 2，得出车槽刀外侧与工件外径之间的实际距离（沟槽外侧与工件外圆之间的距离），如图 6-27 所示，这样就能控制车槽刀的位置。

在端面上车削精度要求不高、宽度较小、深度较浅的沟槽时，可以用等宽刀直进法一次成形车出；对于精度要求较高的沟槽，必须先粗车且留有一定的精车余量，然后再精车成形；对于较宽且深的沟槽，应采用多次直进法车削，车削时最好采用手动进给，并且转速和进给量都不宜过大。精车时，应先精车槽宽，再精车槽深，这样容易成形和清角，如图6-28、图6-29和图6-30所示。

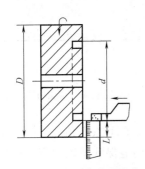

图 6-27 车槽刀位置的确定

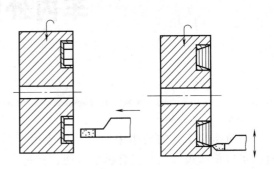

图 6-28 车平面槽的方法

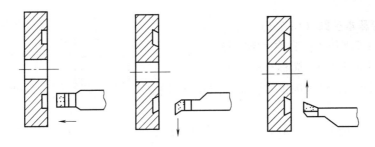

图 6-29 燕尾槽车刀及其车削方法

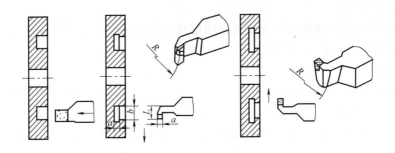

图 6-30 T 形槽车刀及其车削方法

（3）端面槽的测量 端面槽可选用游标卡尺、游标深度卡尺、样板和内外卡钳等量具测量。

3. 车内沟槽和端面槽的操作要点

1）端面槽车刀左侧副后刀面应磨成圆弧形，以防与工件槽壁产生摩擦。

2）槽侧、槽底要求平直且清角。

3）刃磨车槽刀时，应注意切削刃平直、几何角度正确。

4）应利用中、小滑板刻度盘的读数，控制沟槽的深度和退刀的距离。

第七章

车内外圆锥面

在机床与工具的使用中，广泛地应用了圆锥面。因为当圆锥面的锥角较小（3°以下）时，可以传递很大的转矩且拆装方便，经过多次反复拆装后，仍能保证精确的定心作用。配合面精确的圆锥，同轴度也较高。

一、车外圆锥面

1. 圆锥的基本参数 （图7-1）

1）最大圆锥直径 D：简称大端直径。

2）最小圆锥直径 d：简称小端直径。

3）圆锥长度 L：最大圆锥直径处与最小圆锥直径处的轴向距离。

4）锥度 C：圆锥大、小直径之差与长度之比，即

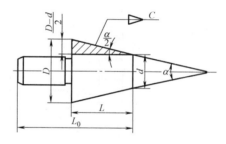

图 7-1 圆锥的基本参数

$$C = \frac{D-d}{L}$$

5）圆锥半角 $\alpha/2$：圆锥角 α 是在通过圆锥轴线的截面内两条素线的夹角。在车削时经常用到的是圆锥角的一半——圆锥半角（斜角）。

2. 标准圆锥

为了制造和使用方便，降低生产成本，常用工具、刀具上的圆锥都已标准化，即圆锥的各部分尺寸，都符合几个号码的规定。使用时，只要号码相同，就能互换。标准圆锥已在国际上通用，即不论哪一个国家生产的机床或工具，只要符合标准，圆锥都能达到互换性要求。

常用标准圆锥有以下两种：

（1）莫氏圆锥　莫氏圆锥是机器制造业中应用最广泛的一种标准圆锥，如车床主轴、顶尖、麻花钻和铣刀柄等都采用莫氏圆锥。莫氏圆锥分为七个号码，即0、1、2、3、4、5、6号，最小的是0号，最大的是6号。莫氏圆锥是从英制换算过来的，当号数不同时，圆锥角和尺寸都不同。

（2）米制圆锥　米制圆锥有8个号码，即4、6、80、100、120、140、160、200号。号码数值为大端直径，锥度固定不变，均为1∶20。米制圆锥各部分尺寸可在金属切削手册中查到。

3. 圆锥的车削方法

车较短圆锥面时，可以采用转动小滑板的方法。小滑板转动的角度就是小滑板导轨与车床主轴轴线之间的夹角，它的大小应等于所加工零件的圆锥半角值，如图7-2所示。小滑板向什么方向转动，取决于工件在车床上的加工位置。

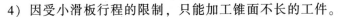

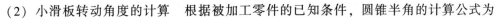

图7-2　转动小滑板车圆锥体

（1）转动小滑板车圆锥面的特点

1）能车出圆锥角较大的工件。

2）能车出整圆锥面和圆锥孔，操作简单。

3）只能手动进给，劳动强度大，工件表面粗糙度值较难控制。

4）因受小滑板行程的限制，只能加工锥面不长的工件。

（2）小滑板转动角度的计算　根据被加工零件的已知条件，圆锥半角的计算公式为

$$\tan\frac{\alpha}{2} = C/2 = \frac{D-d}{2L}$$

式中　$\frac{\alpha}{2}$——圆锥半角（°）；

C——锥度；

D——最大圆锥直径（mm）；

d——最小圆锥直径（mm）；

L——最大圆锥直径与最小圆锥直径之间的轴向距离（mm）。

用上面的公式计算出$\frac{\alpha}{2}$，要查三角函数表，比较麻烦。如果$\frac{\alpha}{2}$较小，在1°～13°之间，可以用以下近似公式计算，即

$$\frac{\alpha}{2} = 28.7°\times\frac{D-d}{L}$$

车削常用锥度和标准锥度时小滑板转动的角度见表7-1。

表7-1　车削常用锥度和标准锥度时小滑板转动的角度

名称		锥度	小滑板转动的角度	名称		锥度	小滑板转动的角度
莫氏锥度	0	1:19.212	1°29′27″	标准锥度	0°17′11″	1:200	0°08′36″
	1	1:20.047	1°25′43″		0°34′23″	1:100	0°17′11″
	2	1:20.020	1°25′50″		1°8′45″	1:50	0°34′23″
	3	1:19.922	1°26′16″		1°54′35″	1:30	0°57′17″
	4	1:19.254	1°29′15″		2°51′51″	1:20	1°25′56″
	5	1:19.002	1°30′26″		3°49′6″	1:15	1°54′33″
	6	1:19.180	1°29′36″		4°46′19″	1:12	2°23′09″
标准锥度	30°	1:1.866	15°		5°43′29″	1:10	2°51′45″
	45°	1:1.207	22′30″		7°9′10″	1:8	3°34′35″
	60°	1:0.866	30°		8°10′16″	1:7	4°05′08″
	75°	1:0.652	37′30″		11°25′16″	1:5	5°42′38″
	90°	1:0.5	45°		18°55′29″	1:3	9°27′44″
	120°	1:0.289	60°		16°35′32″	7:24	8°17′46″

（3）转动小滑板的方法　将小滑板下面转盘上的螺母松开，把转盘转至所需的圆锥半角的刻度上，与基准线对齐，然后固定转盘上的螺母，如角度不是整数，可先大致估计，试切后逐步找准。车削前应调整好小滑板镶条的松紧，小滑板镶条的松紧程度直接影响加工质量。镶条调得过紧，手动进给时费力，移动不均匀；镶条调得过松，会使小滑板间隙过大。镶条过紧或过松均会使车出的圆锥表面粗糙度值较大且工件素线不平直。

（4）锥度的检查方法

1）用游标万能角度尺检查锥度。对于零件角度或精度要求不高的圆锥面，可用游标万能角度尺检查锥度。如图 7-3 所示，把游标万能角度尺调整到要测的角度，使角尺面与工件平面（通过中心）靠平，直尺与工件斜面接触，通过透光的大小来找正小滑板的角度，多次反复直至达到要求为止。

2）用锥形套规检查锥度

① 可通过感觉来判断锥形套规与工件大小端直径的配合间隙，调整小滑板转动角度。

② 在工件表面上顺着素线，间隔约 120° 薄而均匀地涂上三条显示剂，如图 7-4 所示。

③ 把锥形套规轻轻套在工件上转动半圈之内，如图 7-5 所示。

④ 取下锥形套规观察工件锥面上显示剂被擦去的情况，利用小滑板转动方向来找正角度。

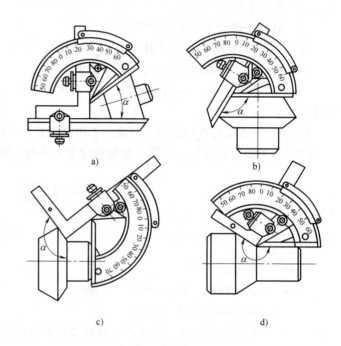

图 7-3　用游标万能角度尺检查锥度

a）0°～50°的工件　b）50°～140°的工件

c）140°～230°的工件　d）230°～320°的工件

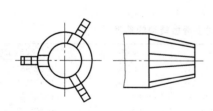

图 7-4　涂色方法

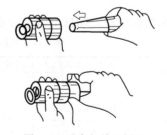

图 7-5　用套规检查圆锥

锥形套规是检查锥体工件的综合测量工具，既可以检查工件锥度的准确性，又可以检查锥体工件的大小端直径及长度尺寸。如果要求锥形套规与锥体接触面在 50% 以上，一般需经过试切和反复调整，所以锥体的检查在试切时就应进行。

（5）车外圆锥面时尺寸的控制方法

1）用卡钳和千分尺测量。测量时必须注意卡钳脚（或千分尺测量杆）一定要和工件的轴线垂直，测量位置必须在锥体大端或小端的直径处。

2）用界限套规控制尺寸（图7-6）。当锥度已找正，而大端（或小端）尺寸还未能达到要求时，需要继续车削，车削时可用以下方法来确定背吃刀量。

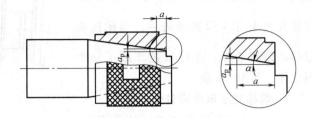

图7-6　用界限套规控制尺寸

① 计算法。根据界限套规的界限面到工件小端面的距离 α，用公式来计算背吃刀量 a_p，即

$$a_p = a\tan\frac{\alpha}{2} \text{ 或 } a_p = a\frac{C}{2}$$

式中　a_p——背吃刀量（mm）；

$\dfrac{\alpha}{2}$——圆锥半角（°）；

C——锥度。

然后移动中、小滑板，使刀尖轻触工件圆锥小端外圆表面后退出工件外，中滑板按 a_p 值进给，小滑板手动进给精车外圆锥面至尺寸。

② 移动床鞍法。如图7-7所示，根据量出的长度 a，使车刀轻轻接触工件小端外圆表面，然后移动小滑板，使车刀离开工件一个 a 的距离，接着移动床鞍使车刀同工件平面接触，这时没有移动中滑板，但车刀已切入一个需要的深度。

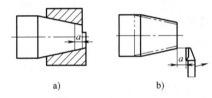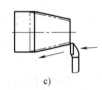

a)　　　　b)　　　　c)

图7-7　移动床鞍法控制锥体尺寸

a）量出长度 a　b）退出加工距离　c）移动小滑板进行进给

（6）车外圆锥面的操作要点

1）车刀必须对准工件的回转中心，避免产生双曲线误差。

2）车刀切削刃要保持锋利，工件表面应一刀车出。

3）应两手握小滑板手柄，均匀转动小滑板。

4）粗车时，进给量不宜过大，应先找正锥度，以防止工件被车小而作废，一般留0.5mm左右的精车余量。

5）用游标万能角度尺检查锥度时，测量边应通过工件中心；用套规检查时，工件的表面粗糙度值要小，涂色要薄而均匀，转动量在半圈之内。

6）转动小滑板时，转动量应稍大于圆锥半角，然后逐步找正。

7）小滑板不宜过紧或过松。

8）当车刀在中途刃磨后再装夹时，必须重新调整，使刀尖严格对准工件的回转中心。

二、偏移尾座车外圆锥面

偏移尾座车圆锥用于加工锥度小、锥形部分较长的工件。采用偏移尾座法车外圆锥面，工件必须采用两顶尖装夹。由于床鞍是沿平行于主轴轴线方向移动的，把尾座上的滑板向里或向外横向移动距离 S 后，使工件回转轴线与车床的主轴轴线相交一个角度，并使其大小等于圆锥半角 $\frac{\alpha}{2}$，当尾座横向移动距离 L 后，工件就被车成了一个圆锥体，如图 7-8 所示。

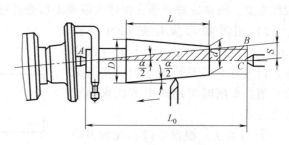

图 7-8 偏移尾座车外圆锥面

1. 偏移尾座车外圆锥面的特点

1）适用于加工锥度小、精度不高、锥体较长的工件，不能加工锥度大的工件。

2）可以采用纵向自动进给，使表面粗糙度 Ra 值减小，工件表面质量较好。

3）不能加工整体锥度。

2. 尾座偏移量的计算

用偏移尾座法车外圆锥面时，尾座的偏移量不仅与圆锥长度有关，还与两个顶尖之间的距离有关，这段距离一般可近似看作工件全长 L_0。尾座偏移量 S 的近似计算公式为

$$S = L_0 \frac{D-d}{2L} = \frac{C}{2} L_0$$

式中 S——尾座偏移量（mm）；

$\quad\quad D$——大端直径（mm）；

$\quad\quad d$——小端直径（mm）；

$\quad\quad L$——圆锥长度（mm）；

$\quad\quad L_0$——工件全长（mm）；

$\quad\quad C$——锥度。

3. 偏移尾座的方法

尾座偏移量 S 计算得出后，常采用以下几种方法偏移尾座。

（1）用尾座刻度盘偏移尾座 偏移时先松开尾座紧固螺母，然后用内六角扳手转松尾座上层两侧的螺钉，按尾座偏移刻度把尾座上层移动一个距离，最后拧紧尾座紧固螺钉，如图 7-9 所示。

（2）用百分表偏移尾座 用百分表偏移尾座时，先将百分表固定在刀架上，使百分表的测量头与尾座套筒接触（百分表应位于通过尾座套筒轴线的水平面内，且百分表的测量杆垂直于套筒表面），然后偏移尾座。当百分表指针转动至一个 S 值时，把尾座固定，如图 7-10 所示。利用百分表偏移尾座比较困难。

（3）用划线法偏移尾座 在尾座后面涂一层白粉，用划针划线 OO'，再在尾座下层点 a 处划竖线，使 Oa 等于 S。然后偏移尾座上层，使 O 与 a 对齐，即偏移了距离 S，如图 7-11 所示。

（4）用锥度量棒或试件偏移尾座 将锥度量棒或试件装夹在两顶尖之间，在刀架上装一百分表，使百分表测量头与量棒或试件表面接触。百分表的测量杆要垂直量棒或试件表面，且测量头位于通过量棒或试件轴线的水平面内。然后偏移尾座，纵向移动床鞍，使百分

表在两端的读数一致后，固定尾座即可。图 7-12 所示为用锥度量棒偏移尾座的情形。使用这种方法偏移尾座，需选用的锥度量棒或试件总长应与所加工工件的总长相等，否则，加工出的锥度是不正确的。

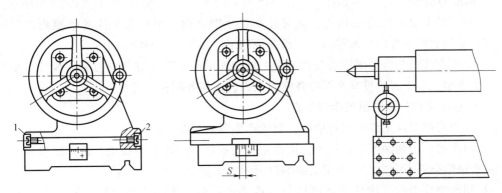

图 7-9　用尾座刻度盘偏移尾座　　　　　　图 7-10　用百分表偏移尾座
1、2—螺钉

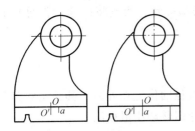

图 7-11　用划线法偏移尾座

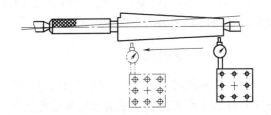

图 7-12　用锥度量棒偏移尾座

（5）用中滑板刻度盘偏移尾座　在刀架上装夹一根铜棒，摇动中滑板手柄使铜棒端面与尾座套筒接触，记下中滑板刻度对齐的格数，这时根据偏移量算出中滑板刻度应转过几格，接着按刻度格数使铜棒退出，然后偏移尾座上层，直到套筒接触铜棒为止，如图 7-13 所示。

无论采用哪一种方法偏移尾座，都有一定的误差，必须通过试切，逐步修正才能比较精确，从而满足工件的加工要求。

4. 装夹工件

用两顶尖装夹工件时，必须将两顶尖间的距离调整至工件总长 L_0（尾座套筒在尾座内伸出的长度应小于套筒总长的 1/2）。工件在两顶尖间的松紧程度，以手不用力能拨动工件，而工件无轴向窜动为宜。若后顶尖为固定顶尖，中心孔内必须加润滑油，且应低速车削。

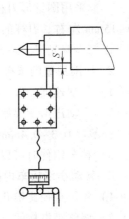

图 7-13　用中滑板
刻度盘偏移尾座

5. 车削步骤

1）粗车外圆锥面，并校准锥度。

2) 半精车外圆锥面，并再次用百分表校准锥度，试切削直至锥度正确。

3) 精车外圆锥面，利用计算法或移动床鞍法确定背吃刀量 a_p，自动进给精车外圆锥面至要求尺寸。

6. 锥度的检查

1) 在工件上涂色应薄而均匀，套规转动在半圈之内，根据与工件的摩擦痕迹仔细分析、找正尾座的偏移方向与偏移量，要求套规和工件接触面在 60% 以上。

2) 根据套规的公差界限中心与被测量工件端面的距离来计算背吃刀量。要注意精车的最后一次进给，不要因为没有掌握好背吃刀量而将锥体外圆精车过小。

7. 偏移尾座车外圆锥面的操作要点

1) 车刀必须对准工件的回转中心，避免产生双曲线误差。

2) 粗车时，切削深度不宜过大，应首先找正锥度，以防工件报废，精车圆锥面时，背吃刀量和进给量都不能太大，否则会影响锥面的加工质量。

3) 用套规检查时，涂色应薄而均匀，转动量一般在半圈之内，转动量过大容易造成误判。

4) 随时注意两顶尖的松紧和前顶尖的磨损情况，以防工件飞出伤人。

5) 偏移尾座时，应仔细、耐心调整，熟练掌握偏移方向。

6) 若工件数量较多，其长度和中心孔的深浅、大小必须一致，否则将引起工件总长的变化，从而使加工出的工件锥度不一致。

三、车内圆锥面

车内圆锥孔时，为了便于加工和测量，应使锥孔大端直径的位置在外面。其常用的车削方法有转动小滑板法、靠模法和铰圆锥孔法等，这里主要介绍转动小滑板法。

1. 车刀的选择和装夹

一般采用圆锥形刀杆，并控制好刀杆长度，以刀尖为始点，其长度应超出被加工锥孔 10~15mm 左右。刀杆的直径以车削时不碰刀杆为宜。车刀的副偏角要尽量磨得小些，精车刀可以磨出修光刃，装刀方法与车不通孔相同。

2. 切削用量的选择

1) 切削速度一般要比车外圆锥面时低 20% 以上。

2) 手动进给量要始终保持均匀，不能出现停顿或忽快忽慢现象，最后一次进给的背吃刀量一般以 0.3~0.4mm 为宜。

3) 精车钢件时可以加注切削液，以减小表面粗糙度值。

3. 转动小滑板车内圆锥面的方法

1) 先用直径比锥孔小端直径小 1~2mm 的麻花钻钻孔，然后用内孔车刀车内孔。

2) 调整小滑板的行程距离及松紧程度。

3) 确定小滑板的转动方向。车内锥孔时，小滑板转动的方向与车外圆锥面时的相反，应顺时针方向转过 $\frac{\alpha}{2}$ 锥角进行车削。

4) 当锥形塞规能塞进孔深约 1/2 时要开始检查，找正锥度。

5) 根据测量情况，逐步找正小滑板角度（一般接触面在 60% 以上为合格）。

4. 精车内圆锥面时控制锥孔尺寸的方法

1）测量出塞规的界限面与工件端面之间的距离 a。

2）使内孔车刀轻轻接触锥孔的端面（最大直径处），这时记住中滑板刻度盘上的数据，向外移动小滑板使车刀离开工件（注意千万不要移动床鞍）。

3）从刚才记住的中滑板刻度盘上的数据开始进给，循环往复直至锥度合适为止，在锥度没有合适前最好不要移动床鞍，否则每进一刀要对一次刀，非常麻烦。图 7-14 所示为移动床鞍控制锥孔尺寸。

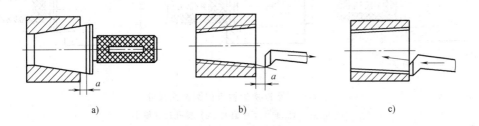

a)　　　　　　　　　　b)　　　　　　　　　　c)

图 7-14　控制锥孔尺寸

a）测出距离 a　b）车刀与工件端面保证距离 a　c）车内圆锥面

5. 内外锥面配套车削的方法

先把外锥面车削合格，不变动小滑板角度，只需把内孔车刀反装，使切削刃向下，此时主轴仍然正转，但是车刀是在孔的左侧车削锥度，如图 7-15 所示。

6. 内圆锥面的检测

与外圆锥面的检测一样，内圆锥面的检测主要包括圆锥角度和尺寸精度检测。

图 7-15　内外锥面配套车削

7. 圆锥角或锥度的检测

检测内圆锥面的角度或锥度时主要使用圆锥塞规。图 7-16 所示为莫氏 3 号塞规，用圆锥塞规检测内圆锥面时，也采用涂色法，其具体要求与检测外圆锥面相同，也是将显示剂涂在塞规表面，但判断圆锥角大小的方向正好相反，即若小端接触，大端未接触，说明圆锥角偏大；反之情况相反。

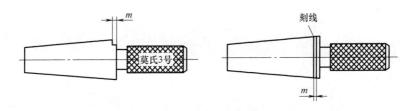

图 7-16　圆锥塞规

8. 内圆锥面尺寸的检测

内圆锥面尺寸的检测主要也是使用圆锥塞规。根据工件的直径尺寸及公差在圆锥塞规大端开有一个轴向距离为 m 的台阶（刻线），分别表示通端和止端，测量锥孔时，若锥孔的大端平面在台阶两刻线之间，说明锥孔尺寸合格；若锥孔的大端平面超过了止端刻线，说明锥孔尺寸偏大，若两刻线都没有进入锥孔，说明锥孔尺寸偏小，如图 7-17 所示。

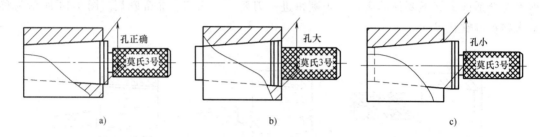

图 7-17　圆锥塞规检查内圆锥面尺寸
a）合格　b）锥孔尺寸偏大　c）锥孔尺寸偏小

9. 车内圆锥面的操作要点

1）车内圆锥面时，一定要将车刀刀尖严格对准工件中心；当车刀在中途刃磨后再重新装刀时，必须重新调整车刀高度以保证车刀刀尖对准工件中心。

2）调整小滑板镶条间隙，使小滑板移动均匀。

3）车刀切削刃要保持锋利，锥度表面应一刀车出。

4）应两手握住小滑板手柄，均匀移动小滑板。

5）粗车时进给量不宜过大，应先找正锥度，以防工件被车小而报废，一般留有 0.3 ~ 0.5mm 的精车余量。

6）用圆锥塞规涂色检查时，必须注意孔内清洁，显示剂必须涂在外圆锥表面，转动量在半圈之内且只可沿一个方向转动。

7）取出圆锥塞规时要注意安全，不能敲击，以防工件移动。

8）精车锥孔时要用圆锥塞规上的刻线来控制锥孔尺寸。

9）应及时测量尺寸，用计算法或控制中滑板法来控制背吃刀量。

第八章

滚花、成形面车削和表面修整

一、滚花

一些工具和零件的手持部分，为增加其摩擦力以便于使用或使外表美观，通常在车床上对其表面滚压出不同的花纹，称为滚花。

1. 滚花花纹的种类和选择

滚花的花纹分为直花纹和网花纹两种，并有粗细之分。常见的滚花刀如图8-1所示。滚花花纹的粗细应根据工件的直径和宽度大小来选择。工件的直径和宽度大，选择较粗的花纹，反之，选择较细的花纹。花纹的粗细用节距表示，根据国家标准 GB/T 6403.3—2008《滚花》选择。

2. 滚花刀的种类

滚花刀分为单轮、双轮和六轮三种。单轮滚花刀是用来滚直花纹和斜花纹的；双轮滚花刀是用来滚网状花纹的，由两支不同旋向的滚花刀轮组成一组；六轮滚花刀由三对网纹节距不同的滚轮组成，可以分别滚出粗细不同的三种网纹。滚花刀的直径一般为 20~25mm。

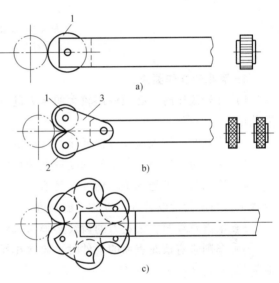

图 8-1 常见的滚花刀
a) 直纹滚花刀 b) 网纹滚花刀 c) 六轮滚花刀
1、2—滚轮 3—浮动连接头

3. 滚花方法

（1）滚花前外圆的车削尺寸 由于滚花过程是用滚轮来滚压工件表面的金属层，使其产生一定的塑性变形而形成花纹的，所以滚花时产生的径向压力很大。滚花前，应根据工件材料的性质和滚花节距 p 的大小，将工件滚花表面车小 $(0.2~0.5)$ p 或 $(0.8~1.7)$ m（m 为滚花模数）。

（2）滚花步骤

1）用自定心卡盘装夹工件，在不影响滚花的情况下，工件的伸出长度尽可能短些。

2）车滚花外圆至下极限尺寸。

3）安装滚花刀。滚花刀装夹在车床的刀架上，并使滚花刀的装刀中心与工件的回转中心等高。滚压有色金属或滚花表面要求较高的工件时，滚花刀的滚轮表面与工件表面平行安装，如图8-2a所示。滚压碳钢或滚花表面要求一般的工件，滚花刀的尾部装得略向左偏一些，使滚花刀与工件表面产生一个很小的夹角，如图 8-2b 所示，这样便于切入且不易产生乱纹。

4）开动车床，将车床转速调至 15m/min 及以下，将滚花刀宽度的 $\frac{1}{3} \sim \frac{1}{2}$ 对准工件外圆，摇动中滑板横向进给，以较大的压力使滚轮切入工件，采用自动进给，浇注切削液开始进行滚花。

5）滚花后，倒去工件两端尖角、去除毛刺。

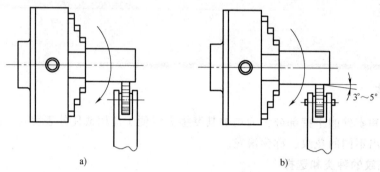

图 8-2 滚花刀的安装

a）平行安装 b）倾斜安装

4. 滚花的操作要点

1）开始滚压时，必须使用较大的压力进给，在工件表面刻出较深的花纹，否则容易产生乱纹。

2）滚花时，切削速度应选低速，进给量应小一些。

3）滚花时，滚花刀和工件均受很大的径向压力，因此滚花刀和工件必须装夹牢固。

4）滚花时，不能用手和棉纱接触滚压表面，以防手指被卷入。清除切屑时应避免毛刺接触工件与滚轮的咬合处，以防毛刷被卷入。

5）滚直花纹时，滚花刀的齿纹必须与工件轴线平行，否则滚压出的花纹不平直。

6）车削带有滚花表面的工件时，通常在粗车后随即进行滚花，然后找正工件再精车其他部位。

7）车削带有滚花表面的薄壁套类工件时，应先滚花，再钻孔和车孔，以减小工件的变形。

8）细长工件滚花时，要防止顶弯工件。

二、成形面车削和表面修整

很多机器零件表面的轴向剖面呈曲线形，如圆球手柄、手摇手柄等。具有这些特征的表面被称为成形面，也称为特形面，如图 8-3 所示。在车床上加工成形面时，应根据工件的表面特征、精度要求和批量大小等不同情况，分别采用双手控制法、成形刀、靠模和专用工具等加工方法。

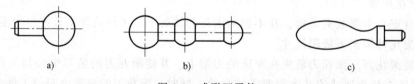

图 8-3 成形面零件

a）、b）圆球手柄 c）手摇手柄

1. 双手控制法车成形面

数量较少或单件成形面零件，可采用双手控制法进行车削，即用双手控制中、小滑板或者是控制中滑板与床鞍的合成运动，车出所要求的成形面。双手控制法车成形面的特点是灵活、方便，不需要其他辅助工具，但需较高的技术水平。在实际生产中，由于用双手控制中、小滑板合成运动的劳动强度大，故不经常采用。

（1）车刀轨迹分析　双手控制法车成形面的车刀刀尖轨迹分析如图 8-4 所示。车刀刀尖在各位置上的横向、纵向进给速度是不相同的，如图 8-4a 所示。

车削点 a 时，中滑板的横向进给速度 v_{ay} 要比床鞍的纵向进给速度 v_{ax} 慢；车削点 b 时，中滑板的进给速度 v_{by} 与床鞍的右进速度 v_{bx} 相等；车削点 c 时，中滑板的进给速度 v_{cy} 要比床鞍的右进速度 v_{cx} 快。

车削时的关键是双手配合要协调、熟练，此外，为使每次接刀过渡圆滑，应采用刀头是圆弧形主切削刃的圆头车刀，如图 8-4b 所示。

（2）车单球手柄的方法

1）计算球状部分长度 L。L 可按下列公式计算。

在直角三角形 AOB（图 8-4a）中

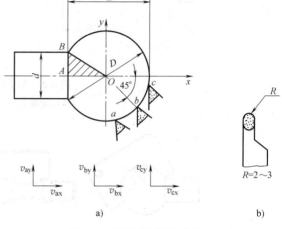

图 8-4　车刀刀尖轨迹分析
a）刀尖轨迹分析　b）圆头车刀

$$L = \frac{D}{2} + AO = \frac{D}{2} + \frac{1}{2}\sqrt{D^2 - d^2} = \frac{1}{2}(D + \sqrt{D^2 - d^2})$$

式中　L——球状部分长度；

　　　　D——圆球直径；

　　　　d——柄部直径。

2）以自定心卡盘装夹毛坯一端（装夹长度为 20mm），车端面及外圆 d，长度为 24mm，如图 8-5a 所示。

3）调头装夹外圆 d，车毛坯另一头端面及外圆 D（留精车余量 0.2~0.3mm），并车球状部分长度 L，如图 8-5a 所示。

4）车球面时，纵向进给速度是快、中、慢，横向进给速度是慢、中、快。即纵向进给是减速度，横向进给是加速度。

5）用 $R3mm$ 的圆头车刀从点 a 沿左右方向（$a \to c$ 点及 $a \to b$ 点）逐步把加工余量车去而形成球头，并在点 c 处用切断刀修清角，如图 8-5b 所示。

（3）球面的测量　成形面零件在车削过程中和车削以后，一般都是用样板、套环、外径千分尺来测量。用样板测量时，样板应对准工件中心，通过观察样板与工件之间的间隙大小来修整，如图 8-6a 所示；用套环测量时，可观察其间隙透光情况并进行修整；用外径千分尺测量球面时，外径千分尺应通过工件中心，并多次变换测量方向，使其测量精度在尺寸要求范围之内，如图 8-6b 所示。

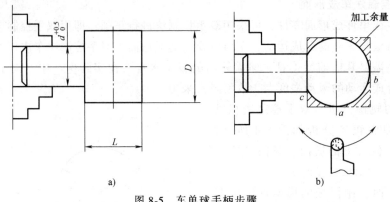

a)

b)

图 8-5 车单球手柄步骤

a) 步骤 2、3 b) 步骤 5

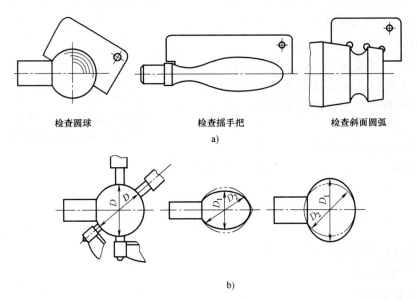

检查圆球　　　　　　检查摇手把　　　　　　检查斜面圆弧

a)

b)

图 8-6 测量成形面的方法

a) 用样板测量成形面 b) 用外径千分尺测量成形面

2. 表面修整

用双手控制法车成形面，由于手动进给不均匀，工件表面往往留下高低不平的刀痕且工件的表面粗糙度值一般都很大，达不到图样的尺寸要求，因此在工件车削后，还要用锉刀、砂布等进行修整抛光。

(1) 用锉刀修光　锉刀一般用碳素工具钢 T12 制成，并经过热处理淬硬至 61~64HRC。锉刀用负前角进行切削，因此切削量较小。常用锉刀按断面形状的不同可分为平锉、半圆锉、圆锉、方锉和三角锉等；按齿纹的不同可分为粗锉、细锉和特细锉。修整成形面时，一般用平锉和半圆锉，其锉削余量一般在 0.03mm 以内，这样不宜将工件锉扁。锉削时，为了保证安全，最好用左手握锉刀柄，右手扶住锉刀前端锉削 (图 8-7)。

在车床上锉削时，推锉速度要慢，一般 40 次/min 左右，压力要均匀，缓慢移动前进，否则会把工件锉扁或使工件呈节状。锉削时的转速要合理，转速太高，容易磨钝锉刀；转速太低，容易把工件锉扁。锉削时，最好在锉齿面上涂一层粉笔末，以防锉屑滞塞在齿缝里。

（2）用砂布抛光　工件经过锉削后，表面上仍会有细微条痕，这些细微条痕可以用砂布抛光的方法去掉。在车床上用的砂布，一般是将刚玉砂粒黏附在布面上制成的。根据砂粒的粗细，常用的砂布有 00 号、0 号、1 号、1.5 号和 2 号，号数越小，砂粒越细，抛光后的表面粗糙度值越小。用砂布抛光时，工件转速应较高，并使砂布在工件表面上慢慢来回移动（注意攥紧砂布，严禁戴手套打磨，以免出现安全事故），或把砂布垫在锉刀下面，用类似于锉削的方法进行抛光。最后，可以在砂布上加少量的机油，以降低工件的表面粗糙度值，如图 8-8 所示。应利用外径千分尺对工件进行多方位测量，使其尺寸公差满足工件精度要求。

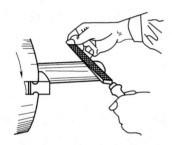

图 8-7　在车床上锉削

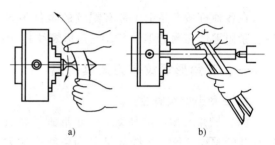

a)　　　　　　　　　　　　b)

图 8-8　用砂布抛光工件

a）手捏砂布抛光　b）用抛光夹抛光

3. 成形面车削和表面修整的操作要点

1）装夹工件时，伸出长度要尽量短，以增强工件的刚性。若工件较长，可采用一夹一顶的方法装夹。

2）车削曲面时，车刀最好从曲面高处向低处进给。为了增强工件的刚性，先车离卡盘远的一段曲面后再车离卡盘近的曲面。

3）锉削时，为了防止锉屑散落在床面上而影响床身导轨精度，应垫护床板。

4）对于既有直线又有圆弧的成形面曲线，应先车直线部分，后车圆弧部分。

5）锉削时，车工宜用左手握锉刀柄进行锉削，这样比较安全。

6）锉削修整时，用力不能过猛，不准用无柄锉刀，应注意操作安全。

7）双手控制法车成形面的操作关键是双手配合要协调、熟练。要求准确控制车刀的切入深度，防止将工件局部车小。

第九章

车三角形螺纹

在各种机械产品中，带有螺纹的零件很多且应用广泛，它们可作为传动零件、连接零件、紧固零件和测量零件等。三角形螺纹具有螺距小，螺纹长度较短的特点。

一、三角形螺纹车刀及其刃磨

1. 三角形螺纹概述

（1）三角形螺纹的种类　三角形螺纹按其用途和规格的不同，可分为普通螺纹、寸制螺纹及管螺纹三种；按线数可分为单线螺纹和多线螺纹；按旋向可分为左旋螺纹和右旋螺纹等。

（2）普通螺纹要素及各部分名称　螺纹要素由牙型、直径、螺距（或导程）、线数和旋向组成。螺纹的形成、尺寸和配合性能取决于螺纹要素，只有当内、外螺纹的各要素相同时，才能相互配合。

三角形螺纹各部分的名称如图9-1所示。

1）牙型角（α）。它是在通过螺纹轴线的剖面上，两相邻牙侧间的夹角，三角形螺纹的牙型角有55°和60°两种。

2）螺距（P）。它是相邻两牙在中径线上对应两点间的轴向距离。

3）导程（P_h）。它是在同一条螺旋线上相邻两牙在中径线上对应两点间的轴向距离。当螺纹为单线螺纹时，导程与螺距相等（$P_h = P$）；当螺纹为多线螺纹时，导程等于线数（n）与螺距（P）的乘积，即 $P_h = nP$。

4）螺纹大径（d、D）。它是指与外螺纹牙顶或内螺纹牙底相切的假想圆柱或圆锥的直径。外螺纹大径用 d 表示，内螺纹大径用 D 表示，国家标准规定，螺纹大径的基本尺寸称为螺纹的公称直径。

5）螺纹小径（d_1、D_1）。它是与外螺纹牙底或内螺纹牙顶相切的假想圆柱或圆锥的直径，外螺纹小径用 d_1 表示，内螺纹小径用 D_1 表示。

6）螺纹中径（d_2、D_2）。它是一个假想圆柱或圆锥的直径，该圆柱或圆锥的素线通过牙型上沟槽和凸起宽度相等的地方，该假想圆柱或圆锥称为中径圆柱或中径圆锥。外螺纹中径用 d_2 表示，内螺纹中径用 D_2 表示。同一公称直径的外螺纹中径和内螺纹中径相等，即 $d_2 = D_2$。

7）原始三角形高度（H）。它是指由原始三角形顶点沿垂直于螺纹轴线方向到其底边的距离。

8）螺纹升角（ϕ）。它是指在中径圆柱或中径圆锥上螺旋线的切线与垂直于螺纹轴线的

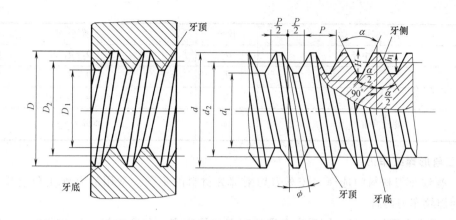

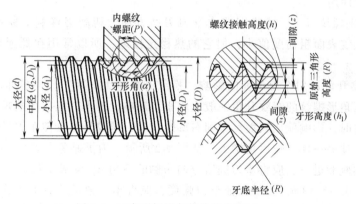

图 9-1　三角形螺纹各部分的名称

平面的夹角。螺纹升角的计算公式为

$$\tan\phi = \frac{P_h}{\pi d_2} = \frac{nP}{\pi d_2}$$

式中　n——螺旋线数；

　　　P——螺距；

　　　d_2——中径；

　　　P_h——导程。

（3）三角形螺纹的尺寸计算　普通三角形螺纹的尺寸计算见表 9-1。

表 9-1　普通三角形螺纹的尺寸计算　　　　　　　　　　　（单位：mm）

名　称		代号	计算公式
外螺纹	牙型角	α	$60°$
	原始三角形高度	H	$H = 0.866P$
	牙型高度	h	$h = \dfrac{5}{8}H = \dfrac{5}{8} \times 0.866P = 0.5413P$
	中径	d_2	$d_2 = d - 2 \times \dfrac{3}{8}H = d - 0.6495P$
	小径	d_1	$d_1 = d - 2h = d - 1.0825P$

（续）

名　称		代号	计算公式
内螺纹	中径	D_2	$D_2 = d_2$
	小径	D_1	$D_1 = d_1$
	大径	D	$D = d = $ 公称直径
螺纹升角		ϕ	$\tan\phi = \dfrac{nP}{\pi d_2}$

2. 三角形螺纹车刀

（1）螺纹车刀材料的选择　按车刀切削部分材料的不同，常用的有硬质合金螺纹车刀和高速钢螺纹车刀两种。

1）硬质合金螺纹车刀。硬质合金螺纹车刀的硬度高，耐磨性好，但韧性较差，因此常在高速切削时使用。

2）高速钢螺纹车刀。高速钢螺纹车刀刃磨方便，切削刃锋利，韧性好，刀尖不易崩裂，车出的螺纹表面粗糙度值小；但它的热稳定性差，所以常用在低速切削或作为螺纹精车刀。

（2）螺纹升角 ϕ 对车刀角度的影响　螺纹升角越大，对工作时的车刀前角和后角的影响越明显。三角形螺纹的螺纹升角一般比较小，影响也较小，但在车削矩形、梯形螺纹和螺距较大的螺纹时，影响就比较大。车削右旋螺纹时，螺纹升角会使车刀沿进给方向一侧的工作后角变小，使另一侧工作后角增大，如图 9-2 所示。为了避免车刀后角与螺纹牙侧发生干涉，保证切削顺利进行，应将车刀进给方向一侧的后角 α_{oL} 磨成工作后角加上螺纹升角的大小，即 $\alpha_{oL} = (3°\sim5°)+\phi$；为了保证车刀强度，应将车刀逆进给方向一侧的后角 α_{oR} 磨成工作后角减去螺纹升角的大小，即 $\alpha_{oR} = (3°\sim5°)-\phi$。车削左旋螺纹时情况正好相反。

由于螺纹升角的影响，使基面位置发生了变化，从而使车刀两侧的工作前角也与静止前角的数值不相同，如图 9-3 所示。虽然螺纹升角对三角形螺纹车刀两侧前角的影响在刃磨螺纹车刀时不作修正，但在车刀装夹时，必须注意。

如果车刀两侧刃磨的前角均为 0°，车削右旋螺纹时，左切削刃在工作时是正前角，切削比较顺利，而右切削刃在工作时是负前角，切削不顺利，排屑也困难（图 9-3）。为了改善上述状况，可用图 9-4 所示的方法将车刀两侧切削刃组成的平面垂直于螺旋线装夹。

当径向前角 $\gamma_p = 0°$ 时，螺纹的刀尖角应等于螺纹的牙型角 α。车削螺纹时，由于车刀排屑不畅，致使螺纹表面粗糙度值较大，影响加工精度。

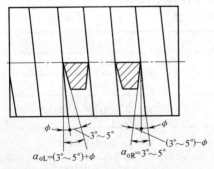

图 9-2　螺纹升角对车刀后角的影响

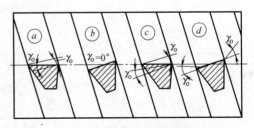

图 9-3　螺纹升角对车刀两侧前角的影响

若径向前角 $\gamma_p > 0°$，虽然排屑比较顺利，且可减少积屑现象，但由于螺纹车刀两侧切削刃不与工件轴向重合，使车出的螺纹牙型角 α 大于车刀的刀尖角。径向前角 γ_p 越大，牙型角的误差就越大。同时，还会使车削出的螺纹牙型在轴向剖面内不是直线，而是曲线，会影响螺纹副的配合质量。所以车削精度要求较高的螺纹时，精车刀的刀尖角应等于螺纹的牙型角，两侧切削刃必须是直线，且径向前角应取得较小（$\gamma_p = 0° \sim 5°$），才能车出较正确的螺纹牙型。

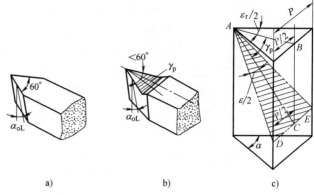

图 9-4 螺纹车刀的径向前角及其影响
a）$\gamma_p = 0°$ b）$\gamma_p > 0°$ c）$\varepsilon'_r/2 < \varepsilon_r/2$

3. 常用的三角形螺纹车刀

常用的三角形螺纹车刀如图 9-5、图 9-6 和图 9-7 所示。

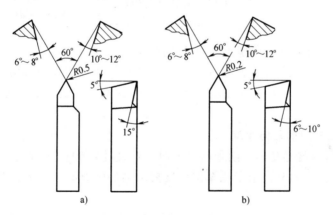

图 9-5 高速钢外螺纹车刀

a）粗车刀 b）精车刀

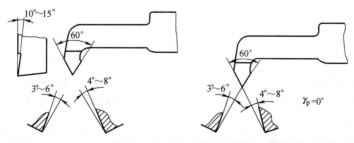

图 9-6 高速钢内螺纹车刀

（1）内螺纹车刀 根据所加工内孔的结构特点来选择合适的内螺纹车刀。由于内螺纹车刀的大小受螺纹孔径的限制，所以选择内螺纹车刀的刀杆非常重要，刀杆过粗，妨碍车削螺纹；刀杆过细，刚性差，加工中易产生颤动或让刀现象，甚至崩刃，给正常车削带来非常

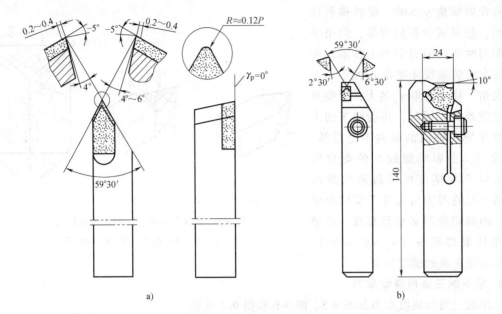

图 9-7 硬质合金螺纹车刀

a) 焊接式 b) 机械夹固式

大的困难。另外也应注意选择内螺纹车刀的几何形状和角度。

（2）外螺纹车刀 高速钢外螺纹车刀的刃磨比较方便，切削刃容易磨得很锋利，而且韧性较好，刀尖不易崩裂，常用于车削塑性材料，维修内、外螺纹及车削大螺距和精密丝杠等工件的螺纹。

4. 三角形螺纹车刀的几何角度

1）刀尖角应等于牙型角，车削米制（普通）螺纹时为 60°，车削寸制螺纹时为 55°。

2）前角一般为 0°~15°，精车或车削精度要求高的螺纹时，径向前角应取得小些，约 0°~5°。

3）后角一般为 5°~15°，因受螺纹升角的影响，进给方向的后角应磨得大些。

5. 三角形螺纹车刀的刃磨

（1）刃磨要求

1）根据粗、精车的要求，刃磨出合理的前角、后角。一般情况下，粗车刀前角大，后角小；精车刀相反。

2）刀尖角不歪斜，牙型半角相等。

3）螺纹车刀两侧的切削刃必须是直线，且应具有较小的表面粗糙度值。

4）内螺纹车刀刀尖角的角平分线应与刀杆垂直，后角应适当磨得大些。

（2）刃磨步骤

1）粗磨后刀面、副后刀面，初步形成刀尖角。

2）粗、精磨前刀面，以形成前角。

3）精磨后刀面，形成完整的后角、副后角和刀尖角（刀尖角用样板检查修正）。

4）修磨刀尖倒棱，宽度应为 0.1P。

5）用油石研磨切削刃处的前、后刀面（注意保持切削刃的锋利）。

（3）操作要领

1）由于螺纹车刀对刀尖角要求高，刀头体积又小，因此刃磨比一般车刀困难。在刃磨硬质合金螺纹车刀时，要注意刃磨顺序，一般是先将刀头后面适当粗磨，随后再刃磨两侧面，以免振动太大，致使刀尖崩裂；在精磨时，首先要用砂轮修整器把砂轮修整好，注意刃磨压力不要过大，同时要防止刀具因在刃磨时骤冷或骤热而损坏刀片。

2）为了保证磨出准确的刀尖角，在刃磨时一般用螺纹角度样板进行测量，如图9-8所示。测量时把刀尖与样板贴合，对准光源，仔细观察两边贴合的间隙，并进行修磨。对于具有纵向前角的螺纹车刀，可以用一种较厚的特质螺纹样板来测量刀尖角。

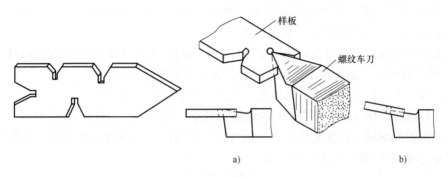

图9-8　三角形螺纹样板及测量方法

a）正确测量　　b）错误测量

（4）三角形螺纹车刀刃磨的操作要点

1）刃磨时，人站立的姿势要正确。在刃磨整体式内螺纹车刀内侧时，易将刀尖磨得靠近前切削刃。

2）刃磨时，两手紧握车刀，与砂轮接触的径向压力应小于一般车刀。

3）磨外螺纹车刀时，刀尖角的角平分线应平行于刀体中心线；磨内螺纹车刀时，刀尖角的角平分线应垂直于刀体中心线。

4）刃磨高速钢螺纹车刀时要及时冷却，以免过热而使切削刃硬度降低。

5）粗磨时也要用车刀样板检查。对于径向前角大于0°的螺纹车刀，粗磨时两切削刃的夹角应略大于牙型角，待磨好前角后，再修磨刀尖角。

6）刃磨螺纹车刀时，一定要注意安全操作。

二、车三角形外螺纹

三角形螺纹的车削方法有高速车削和低速车削两种，高速车削一般使用硬质合金螺纹车刀，低速车削一般使用高速钢螺纹车刀。高速车削效率较高，远高于低速车削时的效率，只要选择好切削用量，也能获得较小的表面粗糙度值；低速车削精度较高，容易获得较小的表面粗糙度值，但效率较低。

三角形螺纹具有螺距小、一般螺纹长度较短的特点。其加工基本要求是螺纹中径尺寸符合精度要求、螺纹轴向剖面牙型角必须正确、表面粗糙度值尽量要小及螺纹中心线与工件轴线尽量保持同轴。

1. 螺纹车刀的装夹

1）装夹三角形螺纹车刀时，刀尖一般应与工件轴线等高。

2）车刀刀尖角的对称中心线必须与工件轴线垂直，装刀时要用样板对刀，如果车刀装歪，就会使牙型角歪斜。

3）刀头伸出长度不宜过长，一般约为车刀总长的 1/3。

2. 调整车床手柄位置及交换齿轮

（1）调整车床手柄的位置　车削标准螺距或导程的螺纹时，可根据螺距或导程在进给箱的铭牌上找到相应的手柄位置参数，并把手柄拨到所需的位置。

用 CA6140 型车床车削标准螺距的螺纹时，可按照 CA6140 型车床进给箱上铭牌所示的螺距范围来调整手柄位置。

（2）调整交换齿轮　某些车床需要按铭牌所示重新调整交换齿轮，方法如下。

1）正确识别有关齿数及上、中、下轴。

2）先松开交换齿轮中间齿轮的压紧螺母，然后松开上轴主动齿轮的压紧螺母，再松开从动齿轮的压紧螺母，依次取下螺母、垫片、齿轮并按顺序放好。

3）掌握单式、复式交换齿轮的搭配方法，并符合搭配原则。

4）分别清洗、擦净所需要安装的齿轮及齿轮套、垫片、压紧螺母等零件。

5）将所需的交换齿轮按要求组装。轴与套、齿轮内孔与轴的配合表面应加润滑液或润滑脂。中间小轴的长度要大于套的长度。

6）组装时，调整齿轮在交换齿轮上的位置，使各交换齿轮的啮合间隙保持在 0.1 ~ 0.15mm 左右（可用塞尺检查）。

7）依次检查各压紧螺母的紧固程度，必要时可挂档用手拉传动带检查交换齿轮的传动是否正常，最好装好防护罩。

3. 调整滑板间隙

车螺纹时，床鞍和中、小滑板镶条的配合间隙既不能太松，也不能太紧。太紧时，摇动滑板费力；太松时，容易产生扎刀现象。

4. 车三角形外螺纹的方法

三角形螺纹车刀的刀尖强度较差，加之两侧切削刃同时参与切削，会产生较大的切削力，同时会引起工件产生不同程度的振动，影响螺纹的加工精度和表面粗糙度。所以在加工时应根据零件的材质、螺纹螺距的大小和不同的加工要求来选择合适的进给方法。

（1）车钢制螺纹

1）车钢制螺纹的车刀，一般选用高速钢螺纹车刀。为了排屑顺利，应磨出纵向前角。

2）车削方法

① 直进法。车削时只用中滑板横向进给，如图 9-9a 所示。在几次行程后，把螺纹车到所要求的尺寸和表面粗糙度，这种方法叫直进法，适用于 $P \leqslant 3mm$ 的三角形螺纹的粗、精车。

② 左右切削法。车螺纹时，除中滑板做横向进给外，同时用小滑板将车刀向左或向右做微量移动（俗称借刀或赶刀），经几次行程后车削出螺纹牙型，这种方法叫左右切削法，如图9-9b所示。

采用左右切削法车螺纹时，车刀只有一个切削刃进行切削，这样刀尖受力小，受热情况得到改善，不易引起扎刀现象，可相对提高切削用量，但操作较复杂，牙型两侧的切削余量必须合理分配吃刀量。车外螺纹时，大部分切削余量应在尾座一侧车去。精车时，车刀的

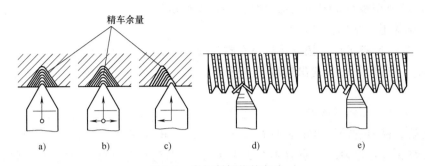

图 9-9　车钢制螺纹的方法

a）直进法　b）左右切削法　c）斜进法　d）双面切削法　e）单面切削法

左、右进给量一定要小，否则会造成牙底变宽或不平。左右切削法适于除梯形螺纹以外的各类螺纹的粗、精车。

③ 斜进法。当螺距较大、螺纹槽较深、切削余量较大时，为使粗车操作方便，除中滑板直进外，小滑板同时只向一个方向移动，这种方法叫斜进法，如图 9-9c 所示。此法一般只用于粗车，且每边牙侧留约 0.2mm 的精车余量。精车时，则应采用左右切削法车削。具体方法是将一侧车到位后，再移动车刀精车另一侧；当两侧面均车到位后，再将车刀移至中间位置，用直进法把牙底车到位，以保证牙底形状准确。

用左右切削法和斜进法车螺纹时，因车刀是单刃切削，不易产生扎刀现象，还可获得较小的表面粗糙度值。但赶刀量不能太大，否则会将螺纹车乱或将牙顶车尖。此外还有双面切削法和单面切削法如图 9-9d、e 所示。

3）乱牙及其避免方法。车螺纹时，一般都要分几次切削才能完成。当一次行程完毕后，退出车刀，提起开合螺母手柄，并退回溜板进行第二次切削。在第二次切削时，若刀尖偏离前一次切削出的螺旋槽，就会把螺纹车乱，称为乱牙（也叫乱扣）。

产生乱牙的原因：车螺纹时，工件和丝杠都在旋转，车削过程中，如开合螺母脱开，至少要等丝杠转过一转，开合螺母才能合上。当丝杠转一转时，工件转过了整数转，车刀刀尖才能进入前一刀车出的螺旋槽内，就不会产生乱牙；如果丝杠转过一转，工件未转过整数转，就会产生乱牙。

例　已知车床丝杠螺距为 6mm，车削螺距为 3mm 和 4mm 两种螺纹，问它们是否会乱牙？

解　根据公式

$$i = \frac{P_{工}}{P_{丝}} = \frac{n_{丝}}{n_{工}}$$

$i = \dfrac{3}{6} = \dfrac{1}{2}$　丝杠转一转，工件转了两转，不会乱牙

$i = \dfrac{4}{6} = \dfrac{1}{1.5}$　丝杠转一转，工件转了一转半，会乱牙

如果乱牙，应采用倒顺车（正反车）法，即每车一刀后，立即将车刀退出，不提起开合螺母，开倒车使车刀退回到开始车削的位置，然后中滑板进给，再开顺车走第二刀，这样反复进行，直到把螺纹加工到要求尺寸为止。

4）若车削有退刀槽的螺纹，退刀槽直径应小于螺纹小径，槽宽应等于螺距的 2~3 倍。

5）使用高速钢螺纹车刀车削螺纹时，一般需加切削液。

（2）车削无退刀槽的铸铁螺纹

1）车削前的准备工作。按螺纹规格车螺纹外圆（螺纹大径的尺寸应比基本外圆直径小 0.2~0.4mm），按所需长度刻出螺纹的长度终止线，并倒角（应略小于螺纹小径），如图 9-10 所示。

2）车削方法。车铸铁螺纹时，一般采用直进法。车削时，将床鞍移动到离工件 8~10 个牙的距离处，横向进给 0.05mm 左右。开机，合上开合螺母，在工件表面车出一条螺旋线，至螺纹终止线处退刀（注意收尾在 2/3 圈内），提起开合螺母，用钢直尺或螺距规检查螺距是否正确，如图 9-11 所示。

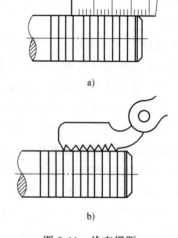

a)

b)

图 9-11　检查螺距
a）用钢直尺检查　b）用螺距规检查

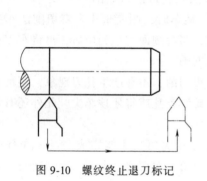

图 9-10　螺纹终止退刀标记

3）控制背吃刀量的方法。车螺纹时，总背吃刀量 a_p 与螺距的关系是：$a_p = 0.65P$，中滑板转过的格数 n 的计算式为

$$n = \frac{0.65P}{\text{中滑板每格的毫米数}}$$

4）中途对刀的方法。中途换刀或刃磨后必须重新对刀，即车刀不切入工件而按下开合螺母，车刀移到工件表面处，立即停机。摇动中、小滑板，使车刀刀尖对准螺旋槽，然后再开机，观察车刀刀尖是否在槽内，直至对准再开始车削。

（3）切削用量的选择　切削螺纹的切削用量应根据工件的材质、螺距的大小和螺纹牙型、所处的加工阶段（粗车还是精车）等因素来确定，低速车削时可参考表 9-2。粗车第一、二刀时，因车刀刚切入工件，切削深度和面积并不大，所以背吃刀量可以大些，以后每进一刀背吃刀量应逐步减小；精车时，背吃刀量更小，排出的切屑很薄（像铜箔一样）。车削螺纹时因车刀刀尖小，散热条件差，所以切削速度要比车削外圆时低。一般粗车时 $v_c = 10~15\text{m/min}$，精车时 $v_c = 6\text{m/min}$。

5. 螺纹的测量

根据生产批量的大小和不同的质量要求，选择不同的测量方法，常见的测量方法有单项测量法和综合测量法两种。

表 9-2 低速车削三角形螺纹的进给次数

进给次数	M24 $P=3$mm			M16 $P=2$mm		
	中滑板进给格数	小滑板进给格数		中滑板进给格数	小滑板进给格数	
		左	右		左	右
1	11	0		10	0	
2	7	3		6	3	
3	5	3		4	2	
4	4	2		2	2	
5	3	2		1	1/2	
6	3	1		1	1/2	
7	2	1		1/4	1/2	
8	1	1/2		1/4		5/2
9	1/2	1		1/2		1/2
10	1/2	0		1/2		1/2
11	1/4	1/2		1/4		1/2
12	1/4	1/2		1/4		0
13	1/2		3	螺纹深度 1.3mm，$n=26$ 格		
14	1/2		0			
15	1/4		1/2	说明：1. 小滑板每格 0.04mm		
16	1/4		0	2. 中滑板每格 0.05mm		
	螺纹深度 1.95mm，$n=39$ 格					

（1）单项测量法 单项测量是选择合适的量具来测量螺纹的某一项参数的精度，常见的有测量螺纹的大径、螺距和中径。

1）大径测量。由于螺纹大径的公差较大，一般只需要用游标卡尺测量即可。

2）螺距测量。螺距测量可用螺距规或钢直尺测量，可多测量几个螺距长度，然后取其平均值，如图 9-12a 所示。用螺距规测量时，应将螺距规沿着通过工件轴线的平面方向嵌入牙槽中，如完全吻合，则说明被测螺距是正确的。也可用游标卡尺测量，如图 9-12b 所示。

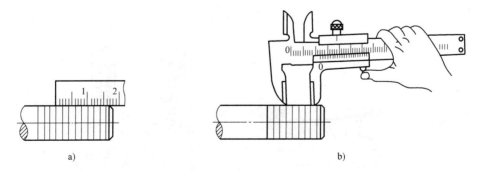

a) b)

图 9-12 螺距测量

a）用钢直尺测量螺距 b）用游标卡尺测量螺距

3）中径测量。三角形螺纹的中径可用螺纹千分尺测量，如图9-13所示。螺纹千分尺的结构、使用方法和读数原理与一般的外径千分尺相同，测量时把所成角度与螺纹牙型角相等的上下两个测量头正好卡在螺纹的牙侧上，所得到的螺纹千分尺的读数就是螺纹中径的实际尺寸。

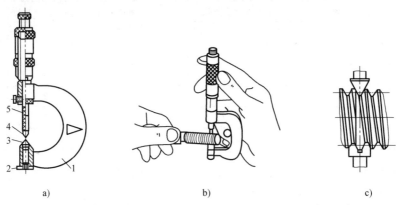

图 9-13　三角形螺纹中径的测量
a）螺纹千分尺　b）测量方法　c）测量原理
1—尺架　2—砧座　3—下测量头　4—上测量头　5—测量杆

（2）综合测量法　综合测量是用螺纹量规对螺纹各主要参数进行综合性测量，螺纹量规包括螺纹塞规和螺纹环规两种，如图9-14所示。而每一种又有通规和止规之分，螺纹环规用于测量外螺纹，螺纹塞规用于测量内螺纹。测量时，如果通规刚好旋入而止规不能旋入，则说明螺纹合格。对于精度要求不高的螺纹，也可以用标准螺母和螺栓来检验，以旋入工件时是否顺利和松动的程度来确定螺纹是否合格，这种方法使用方便，能较好保证互换性，广泛应用于对标准螺距或大批量生产的螺纹工件的测量，如图9-15所示。

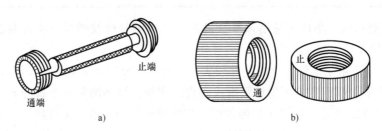

图 9-14　螺纹量规
a）螺纹塞规　b）螺纹环规

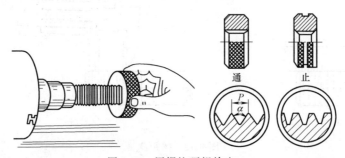

图 9-15　用螺纹环规检查

6. 在车床上套螺纹

一般地，直径不大于 M16 或螺距小于 2mm 的外螺纹可用板牙直接套出。直径大于 M16 的外螺纹可以先粗车螺纹后再用板牙套出螺纹。板牙是一种成形、多刃的刀具，操作简单，生产率高。

（1）板牙的结构　板牙大多用高速钢制成，其结构如图 9-16 所示，它像一个圆螺母，其两侧的锥角是切削部分，因此正反都可使用，中间完整的齿深为校正部分。

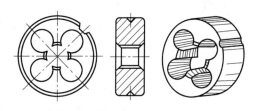

图 9-16　板牙

（2）套螺纹时外圆直径的确定　套螺纹时，套螺纹圆杆的直径比螺纹的公称直径略小（按工件螺距大小确定），套螺纹圆杆直径的近似计算公式为

$$d_0 = d - (0.13 \sim 0.15)P$$

式中　d_0——圆杆直径（mm）；

$\quad\quad d$——螺纹大径（mm）；

$\quad\quad P$——螺距（mm）。

（3）套螺纹的准备工作

1）圆杆车至尺寸后，端面倒角要小于或等于 45°，使板牙容易切入。

2）套螺纹前必须找正尾座，使套筒中心线与车床主轴轴线重合，水平方向的偏移量不得大于 0.05mm。

3）板牙装入套螺纹工具时，必须使板牙平面与主轴轴线垂直。

4）主轴转速一般为 15～60r/min。

（4）套螺纹的方法　在车床上用板牙套螺纹如图 9-17 所示。

1）先将套螺纹工具的锥柄装在尾座套筒锥柄内，板牙装入滑动套筒内，待螺钉对准板牙上的锥坑后拧紧。

2）将尾座移到距工件一定距离（约 20mm）后固定。

3）开动车床和冷却泵加注切削液（或各种油脂）。

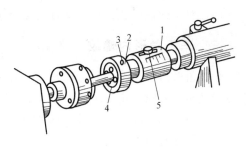

图 9-17　在车床上套螺纹

1—工具体　2—滑动套筒　3—螺钉
4—板牙　5—销钉

4）转动尾座手轮，使板牙切入工件，进行自动套螺纹。

5）当板牙进到螺纹所需要的长度时，及时反转退出板牙。

7. 车三角形外螺纹的操作要点

1）检查或调整交换齿轮时，必须切断电源，停机后再进行调整，调整完毕后要装好防护罩。

2）车削螺纹前，首先调整好床鞍和中、小滑板的松紧程度，还要检查组装交换齿轮的间隙是否适当。

3）初学车螺纹时，由于操作不熟练，建议采用较低的切削速度。

4）装夹外螺纹车刀时，刀尖必须对准工件的回转中心，两个主切削刃夹角的平分线要垂直于工件轴线。

5）车外螺纹前一般应在工件端面倒角至螺纹小径或小于小径的尺寸。

6）倒、顺车换向不能过快，否则车床受瞬时冲击，容易损坏机件。在卡盘与主轴的连接处必须安装保险装置，以防卡盘反转时从主轴上脱落。

7）车螺纹时，应始终保持切削刃锋利，中途换刀或刃磨后，必须对刀，并重新调整好中滑板刻度。

8）车无退刀槽的螺纹时，当车到螺纹最后一圈的1/3圈时，必须先退刀，然后随即上提开合螺母手柄，每次退刀位置大致相同，否则容易损伤刀尖。

9）车脆性材料螺纹时，进给量不宜过大，否则会使螺纹牙尖爆裂，产生废品，在车最后几刀时，采取微量进给以车光螺纹侧面。

10）退刀要及时、准确，尤其是要注意退刀方向，先让中滑板向后退，使刀尖退出工件表面后，再纵向退刀（车内螺纹时与车外螺纹刀尖退出的方向相反）。

11）对于让刀所产生的锥度误差（用螺纹套规检查时，只能在进口处拧进几牙），不能盲目地加大切深，应让车刀在原来的进给位置上反复车削，直到逐步消除锥度误差为止。

12）车螺纹时，必须注意中滑板手柄不能多摇一圈，否则会造成刀尖崩刃或损坏车床和工件。

13）使用螺纹环规检查时，不能用力过大或用扳手强拧，以免螺纹环规严重磨损或使工件发生位移。

14）当工件旋转时，不准用手触摸或用棉纱去擦螺纹，以免伤手。

15）装夹板牙不能歪斜。

16）对于塑性材料，套螺纹时应充分加注切削液。

三、车三角形内螺纹

车三角形内螺纹时，由于车刀刀柄细长，刚性差，切屑不易排出，切削液不易注入，且不便于观察等原因，使其比车削外螺纹要困难得多。常见三角形内螺纹的工件形状有三种：通孔、不通孔和台阶孔，如图9-18所示。由于工件内孔的形状不同，因此所用的螺纹车刀及车削方法也有所不同。

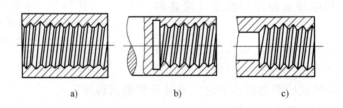

a)　　　　　　　　b)　　　　　　　　c)

图9-18　内螺纹工件形状
a）通孔内螺纹　b）不通孔内螺纹　c）台阶孔内螺纹

1. 车刀的选择

根据所加工内螺纹工件的三种形状来选择内螺纹车刀，车刀尺寸的大小受到螺纹孔径尺寸的限制。车削通孔内螺纹时用如图 9-19a、b、e 所示形状的车刀，车削不通孔或台阶孔内螺纹时可选如图 9-19c、d 所示形状的车刀。

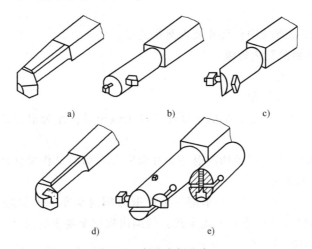

图 9-19　各种内螺纹车刀

a）、b）、e）通孔内螺纹车刀　c）、d）不通孔、台阶孔内螺纹车刀

2．车刀的装夹

装夹内螺纹车刀时，应使刀尖对准工件的回转中心，同时使两切削刃夹角的角平分线垂直于工件轴线，可采用如图 9-20 所示的样板对刀的方法。装夹车刀后，还应摇动床鞍，使车刀在孔中试切一遍，检查刀柄是否与孔壁相碰。

3．三角形内螺纹孔径的计算

在车削内螺纹时，一般先钻孔或扩孔。通常可按下式计算孔径 $D_孔$：

车削塑性金属时　　　　　　　　　　$D_孔 = D - P$

车削脆性金属时　　　　　　　　　　$D_孔 \approx D - 1.05P$

式中　D——内螺纹大径（mm）；

　　　P——螺距（mm）。

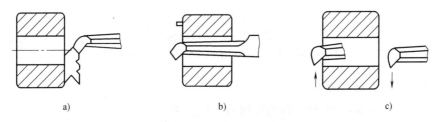

图 9-20　装夹内螺纹车刀及进退刀方向

a）样板校正刀尖　b）检查车刀刀柄与孔壁是否相碰　c）车刀进退刀方向

其尺寸公差可查普通螺纹有关公差表。

4．车削普通内螺纹的方法

1）车削内螺纹孔径，并在两端口倒角。

2）检查及确定进、退刀位置。车削内螺纹时的进、退刀方向与车削外螺纹时相反，应先开空车练习进、退刀动作。练习时，最好在中滑板刻度盘上做好进刀和退刀记号。

3）车削内螺纹时，进刀方式与车削外螺纹时基本相同，一般内螺纹不需要用赶刀法车削，只用直进法车削，当 $P \geqslant 4mm$ 时才采用赶刀法进行车削，车削方法与车削大螺距外螺纹的方法相同。

4）精车时，应注意螺纹中径尺寸及表面粗糙度。

5. 车削不通孔或台阶孔内螺纹

1）钻、车内螺纹底孔。

2）车削退刀槽，孔口倒角。

3）根据螺纹长度加上槽宽一半的长度在刀杆上做记号，作为退刀及开合螺母抬起时的标记。

4）车削时，床鞍、中滑板手柄的退刀和开合螺母起闸的动作要熟练、迅速、准确、协调，保证刀尖到槽中时退刀。

5）车削内螺纹的过程：进刀—车削—接近退刀槽时缓车—刀尖进入退刀槽后迅速退刀—反车使车刀退出螺纹孔—重复上述步骤，切削内螺纹至要求的尺寸。

6. 在车床上攻螺纹

一般直径不大于 M16 或螺距小于 2mm 的内螺纹可用丝锥直接加工。丝锥是一种成形、多刃刀具，操作简单，生产率高。

（1）丝锥的结构　丝锥用高速钢制成，其结构如图 9-21 所示，有容屑槽。丝锥分为手用丝锥和机用丝锥两种。

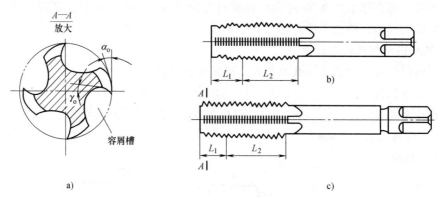

图 9-21　丝锥的结构

a）齿部放大图　b）手用丝锥　c）机用丝锥

（2）攻螺纹时孔直径的确定

攻塑性金属（35 钢、45 钢）的内螺纹时：$D_{孔} = D - P$

攻脆性金属（铸件、青铜）的内螺纹时：$D_{孔} = D - 1.05P$

式中　$D_{孔}$——孔径（mm）；

　　　D——螺纹大径（mm）；

　　　P——螺距（mm）。

（3）攻螺纹的准备工作

1）孔口倒角。倒角直径要大于螺纹大径尺寸。

2）攻不通孔（盲孔）螺纹的钻孔深度计算。钻孔深度 = 需要的螺纹深度 + 0.7D

3）切削速度的选择。对于钢件，切削速度为 2~4m/min；对于铸铁件、青铜件，切削速度为 4~6m/min。

4）切削液的选择。对于钢件，一般用硫化切削油或乳化液；对于低碳钢或40Cr钢等韧性较大的材料，选用工业植物油；对于铸铁件，选用煤油或不加注切削液。

（4）攻螺纹的方法　车床用的丝锥攻螺纹工具如图9-22所示。

1）先将工具锥柄装入尾座锥孔中，再将丝锥装入攻螺纹夹具中。

2）移动尾座至接近工件一定距离（约20mm）后固定。

3）开动车床和冷却泵加注切削液。

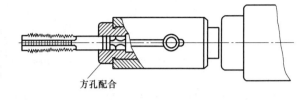

图 9-22　车床用的丝锥攻螺纹工具

4）缓慢摇动尾座套筒手轮，使丝锥切削部分进入工件孔内，当丝锥已切入几牙后，停止摇动手轮，让攻螺纹工具随丝锥进给。

5）当攻至所需的尺寸后，迅速开倒车退出丝锥，同时把套筒退出攻入距离，以便退出丝锥。

7. 螺纹的测量

综合测量时用螺纹塞规来测量内螺纹。螺纹塞规的一端为通端，另一端为止端。在测量时，如果通端刚好能拧进去，而止端不能拧进，说明螺纹精度符合要求。在使用时，如果发现通端难以拧进，应对螺纹的直径、牙型和螺距等进行检查。

8. 车三角形内螺纹的操作要点

1）车螺纹前，首先调整好床鞍和中、小滑板的松紧程度。

2）车螺纹前检查主轴箱和进给箱各手柄是否拨到所车螺纹规格对应的位置。

3）小滑板宜调得紧些，以防车削时车刀移位而产生乱牙。

4）车刀的刀尖圆弧不能太小，否则螺纹已车到规定深度，但中径尚未达到要求尺寸。

5）装夹内螺纹车刀时，刀尖必须对准工件的回转中心，两切削刃夹角的角平分线要垂直于工件轴线。

6）内螺纹车刀的刀柄不能太细，否则由于切削力的作用，会引起振动和变形，出现扎刀、让刀和发出不正常声音及振纹等现象。

7）车内螺纹前一般应在工件端面倒角至螺纹大径或大于大径的尺寸。

8）车内螺纹时，应始终保持切削刃锋利，中途换刀或刃磨后，必须对刀，并重新调整好中滑板刻度。

9）车内螺纹的有效长度，可通过在刀杆上划线或用反映床鞍移动的刻度盘控制。

10）倒、顺车换向不能过快，否则车床受瞬时冲击，容易损坏机件。在卡盘与主轴的连接处必须安装保险装置，以防卡盘反转时从主轴上脱落。

11）车不通孔螺纹时，一定要小心，退刀时一定要迅速，否则车刀刀体会与孔底相撞。

12）赶刀量不能太大，以防精车时没有加工余量。

13）检查不通孔螺纹时，螺纹塞规通端拧进的长度应达到图样尺寸要求的长度。

14）车内螺纹的过程中，工件在旋转时不可用手摸，更不可用棉纱去擦工件，以免造成人身事故。

第十章

车梯形螺纹

具有梯形螺纹、锯齿形螺纹、蜗杆或多线螺纹的传动零件，一般精度要求都比较高，由于它们的螺距和螺纹升角比较大，所以加工比较困难，对操作技术要求较高，本章主要介绍车梯形螺纹的相关知识。

一、梯形螺纹车刀及其刃磨

梯形螺纹工作长度较长，使用精度要求较高，因此车削时比三角形螺纹困难。梯形螺纹分米制和寸制两种，我国常采用米制梯形螺纹（牙型角为30°）。

1. 梯形螺纹的尺寸计算

梯形螺纹各部分名称、代号及计算公式见表 10-1，30°米制梯形螺纹的设计牙型如图 10-1所示。为了使用方便，将常用的 30°米制梯形螺纹的牙型尺寸列于表 10-2 中。

表 10-1　梯形螺纹各部分名称、代号及计算公式

名　称		代号	计算公式			
牙型角		α	$\alpha = 30°$			
螺距		P/mm	1.5	2~5	6~12	14~44
牙顶间隙		a_c/mm	0.15	0.25	0.5	1
外螺纹	大径	d	公称直径			
	中径	d_2	$d_2 = d - 0.5P$			
	小径	d_3	$d_3 = d - 2h_3$			
	牙高	h_3	$h_3 = 0.5P + a_c$			
内螺纹	大径	D_4	$D_4 = d + 2a_c$			
	中径	D_2	$D_2 = d_2$			
	小径	D_1	$D_1 = d - p$			
	牙高	H_4	$H_4 = h_3$			
牙顶宽		f、f'	$f = f' = 0.366P$			
牙槽底宽		w、w'	$w = w' = 0.366P - 0.536a_c$			

注：螺距和牙顶间隙由螺纹标准规定。

表 10-2　30°米制梯形螺纹的牙型尺寸

螺距 P	牙高 h_3	间隙 a_c	牙顶宽 f	牙槽底宽 w	圆角半径 r（最大）
4	2.25	0.25	1.46	1.33	0.125
5	2.75	0.25	1.83	1.69	0.125
6	3.5	0.5	2.20	1.93	0.25
8	4.5	0.5	2.93	2.66	0.25
10	5.5	0.5	3.66	3.39	0.25
12	6.5	0.5	4.39	4.12	0.25

2. 梯形螺纹车刀的种类与几何角度

（1）梯形螺纹车刀的种类　为了保证加工质量，螺纹车刀也分为粗车刀和精车刀两种，按材料的不同可分为硬质合金车刀和高速钢车刀。

（2）梯形螺纹车刀的几何角度

1）两切削刃夹角。粗车刀两切削刃夹角应小于螺纹牙型角，精车刀两切削刃夹角应等于螺纹牙型角。

2）粗车刀的刀头宽度应为螺距的 1/3，精车刀的刀头宽度应等于牙底宽减 0.05mm。

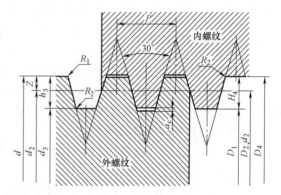

图 10-1　30°米制梯形螺纹的设计牙型

3）径向前角。粗车刀的径向前角一般约为 15°，对于精车刀，为了保证牙型角正确，径向前角应等于 0°，但是实际取 5°～10°。

4）径向后角。径向后角一般为 6°～8°。

5）梯形内螺纹车刀比外螺纹车刀刚性差，所以刀杆应尽量粗些，刀杆的粗细和长度应根据螺纹孔的直径与深度来确定。

6）两侧刃后角。$\alpha_{oL} = (3° \sim 5°) + \phi$；$\alpha_{oR} = (3° \sim 5°) - \phi$

3. 梯形螺纹车刀的刃磨要求和刃磨方法

（1）梯形螺纹车刀的刃磨要求　梯形螺纹车刀刃磨时应主要注意的是牙型角和牙底槽宽度。

1）在刃磨两切削刃夹角时，应随时用样板校对。

2）刃磨有径向前角的两切削刃夹角时，应用特制的厚样板进行修正，如图 10-2 所示。

3）切削刃要光滑、平直、无裂口，两侧切削刃必须对称，刀体不歪斜，两侧切削刃尽量等高。

4）用细油石磨去切削刃上的毛刺。

（2）刃磨口诀　先粗后精、先主后次、两侧交替、保证刀尖角。

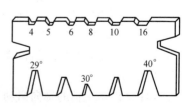

图 10-2　梯形螺纹车刀样板

（3）梯形螺纹车刀刃磨方法

1）粗磨切削刃两侧后刀面（刀尖角初步形成）。

2）粗、精磨前刀面或径向前角。

3）精磨后刀面、副后刀面，刀尖角用样板或游标万能角度尺透光检查并修正，刀头不能歪斜。

4）用细油石研磨后刀面，使切削刃平直无缺口。

（4）梯形螺纹车刀刃磨的操作要点

1）刃磨车刀两侧后角时，要注意螺纹的旋向，根据螺纹升角的大小来确定两侧后角的数值。

2）刃磨高速钢车刀时，应随时将车刀放入水中冷却，以防退火。

3）对于初学者来说，可不用油石研磨刀面，以免磨出负后角。

4）梯形螺纹车刀的刀尖角的角平分线应与刀柄垂直。

二、车梯形外螺纹

梯形螺纹是一种应用很广泛的传动螺纹，它的轴向剖面形状是一个等腰梯形。梯形螺纹的技术要求是螺纹中径必须与基准轴同轴，其大径尺寸应小于基本尺寸；车梯形螺纹时必须保证中径尺寸公差；梯形螺纹的牙型角要正确；螺纹两侧表面粗糙度值必须足够小。

1．梯形螺纹车刀的选择和装夹

（1）车刀的选择　低速车削时一般选用高速钢车刀，高速车削时应选用硬质合金车刀。

（2）车刀的装夹

1）车刀主切削刃必须与工件的回转中心等高，同时应和轴线平行。

2）刀头的角平分线要垂直于工件的轴线，用对刀样板或游标万能角度尺校正，如图 10-3 所示。

2．工件的安装

由于车梯形螺纹时切削力比较大，如果单独用自定心卡盘装夹，在车削时工件容易产生位置变动，所以一般采用一夹一顶的装夹方式。若精度要求较高，在粗车时可用一夹一顶装夹，精车时可用两顶尖装夹。

3．机床调整

（1）机床手柄位置的调整　根据工件材料、刀具材料、图样尺寸选择合理的切削用量及螺距，进而调整各手柄的位置。

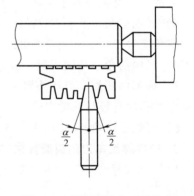

图 10-3　梯形螺纹车刀的装夹

（2）间隙的调整　主要调整中滑板、小滑板的间隙，小滑板的间隙应紧些，防止在切削过程中因车刀和小滑板移位而产生乱牙。

（3）主轴的调整

1）主轴上左右摩擦片的松紧应调整合适，以减小切削时因车床正转和反转起动速度不均而产生的加工误差。

2）注意控制主轴的轴向窜动与径向窜动以及丝杠的窜动，因为这些因素都会对加工质量产生很大的影响。

4．梯形螺纹的车削方法

通常在车削精度较高的梯形螺纹时采用低速车削。

1）螺距小于4mm或精度要求不高的梯形螺纹，可用一把梯形螺纹车刀，进行粗车和精车。

2）螺距大于 4mm 或精度要求较高的梯形螺纹，一般采用分刀车削法，具体方法如下。

① 粗车及半精车螺纹大径至要求尺寸，并倒角与端面成 15°。

② 选用刀头宽度小于槽底宽的车槽刀，采用直进法粗车螺纹，每边留 $0.25 \sim 0.35$ mm 左右的加工余量且小径车至要求尺寸，如图 10-4a 所示。

③ 用梯形螺纹粗车刀采斜进法或左右切削法车螺纹，每边留 $0.1 \sim 0.2$ mm 的精车余量，如图 10-4b、c 所示。

④ 选用两侧切削刃磨有断屑槽的精车刀，采用左右切削法精车螺纹两侧面至图样要求，如图 10-4d 所示。

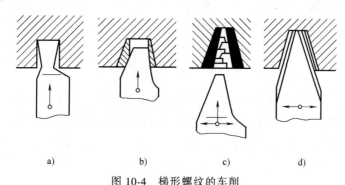

图 10-4 梯形螺纹的车削

a）直进法 b）斜进法 c）左右切削法 d）精车螺纹

5. 梯形外螺纹的测量

1）测量螺纹大径时，一般可用游标卡尺、外径千分尺等量具。

2）小径尺寸一般由中滑板刻度盘控制牙型高度而间接保证。

3）中径尺寸的控制可采用以下方法。

① 三针测量法。它是一种比较精密的测量方法，适用于测量精度要求较高、螺纹升角小于 4° 的三角形螺纹、梯形螺纹和蜗杆的中径尺寸。测量时，把三根直径相等并在一定尺寸范围的量针放在螺纹相对两面的螺旋槽中，再用公法线千分尺量出两面量针顶点之间的距离 M，如图 10-5 所示。然后根据 M 值换算出螺纹中径的实际尺寸。公法线千分尺的读数值 M 及量针直径 d_D 的简化计算公式见表 10-3。

表 10-3 M 值及量针直径 d_D 的简化计算公式

螺纹牙型角	M 计算公式	量针直径 d_D		
		最大值	最佳值	最小值
30°（梯形螺纹）	$M = d_2 + 4.864d_D - 1.866P$	$0.656P$	$0.518P$	$0.486P$
40°（蜗杆）	$M = d_1 + 3.924d_D - 4.316m_x$	$2.446m_x$	$1.675m_x$	$1.61m_x$
60°（普通螺纹）	$M = d_2 + 3d_D - 0.866P$	$1.01P$	$0.577P$	$0.505P$

注：m_x 为轴向模数；P 为螺距。

三针测量法采用的量针一般是专门制造的。在实际应用中，有时也用优质钢丝或新麻花钻的柄部代替，要求所用钢丝或钻柄的直径尺寸最大不能在放入螺旋槽时被顶在牙尖上，最小不能在放入螺旋槽时和牙底相碰，也就是直径尺寸应在表中所给量针直径的最大值与最小值之间选择，如图 10-6 所示。

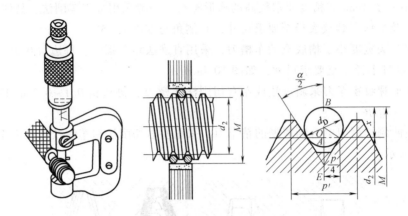

图 10-5　三针测量螺纹中径

② 单针测量法。这种方法只需要用一根符合要求的量针，将其放置在螺旋槽中，如图 10-7 所示。用外径千分尺量出从外螺纹大径到量针顶点之间的距离 A，在测量前应先量出螺纹大径的实际尺寸 d_0，其原理与三针测量法相同，测量方法比较简单。计算公式为

$$A = \frac{M + d_0}{2}$$

应注意，A 值的公差应为三针测量法中测量距离 M 值公差的一半。

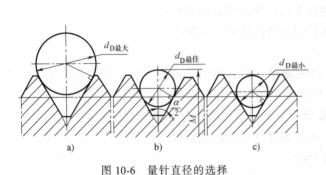

图 10-6　量针直径的选择

a）最大量针直径　b）最佳量针直径　c）最小量针直径

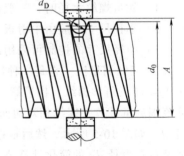

图 10-7　单针测量螺纹中径

　　4）梯形螺纹的综合测量。若梯形螺纹的精度要求不高，作为一般的传动副，可以采用标准梯形螺纹量规，对所加工的内、外梯形螺纹进行综合测量。

　　6. 车梯形螺纹的操作要点

　　1）梯形螺纹车刀两侧切削刃应对称、平直，否则牙型不正确。

　　2）小滑板应调得紧些，以防车削时车刀移位。

　　3）鸡心夹头或对分夹头应夹紧工件，否则车削时工件容易产生移位。

　　4）采用两顶尖装夹车梯形螺纹时，若中途重装工件，应注意保持拨杆原位，以防乱牙。

5）车螺纹时，为了防止因溜板箱手轮回转时不平衡而使车床床鞍产生窜动，可在手轮上装平衡块，最好采用手轮脱离装置。

6）一夹一顶装夹工件时，尾座套筒不能伸出太短，以防车刀返回时床鞍与尾座相碰。

7）随时观察后顶尖的转动情况，以及刀具是否磨损，是否有积屑瘤。

8）横向进给车螺纹时，为防止进给量过大，每次进给后可用粉笔在刻度盘上做标记。

9）不准在开机时用棉纱抹擦工件，以免发生安全事故。

10）当车刀在中途刃磨后再次装夹时，必须重新调整，使刀尖严格对准工件的回转中心。

第十一章

工 艺 编 制

一、定位基准的选择

在零件的机械加工过程中，合理选择定位基准对保证零件的尺寸精度和位置精度起决定性作用。

1. 粗基准的选择原则

选择粗基准时，必须达到两个基本要求：首先应保证所有加工表面都有足够的加工余量；其次应保证零件上加工表面和不加工表面之间具有一定的位置精度。粗基准的选择原则如下。

1）选择不加工表面作为粗基准。

2）对所有表面都要加工的零件，应根据加工余量最小的表面找正。

3）应选用比较牢固可靠的表面作为基准，否则会使工件被夹坏或松动。

4）粗基准应选择平整光滑的表面。

5）粗基准不能重复使用。

2. 精基准的选择原则

（1）基准重合原则　尽可能采用设计基准或装配基准作为定位基准，且尽可能使定位基准和测量基准重合。

（2）基准统一原则　除第一道工序外，其余工序尽量采用同一个精基准。因为基准统一后，可以减小定位误差，提高加工精度，使装夹方便。

（3）自为基准原则　某些要求加工余量小而均匀的精加工工序，选择加工表面本身作为定位基准，称为自为基准原则。

（4）互为基准原则　当对工件上两个位置精度要求很高的表面进行加工时，需要用两个表面互相作为基准，反复进行加工，以保证位置精度要求。

（5）便于装夹原则　选择精度较高、装夹稳定可靠的表面作为精基准，并尽可能选择形状简单和尺寸较大的表面作为精基准，使夹具设计简单，操作方便。

二、工艺路线的拟订

拟订工艺路线时应考虑以下几个问题。

1. 表面加工方法的选择

零件各表面加工方法的选择，不但影响加工质量，而且影响生产率和制造成本。加工同一类型的表面，可以有多种不同的加工方法，影响表面加工方法选择的因素有零件表面的形状、尺寸及其精度和表面粗糙度，以及零件的整体结构、质量、材料性能和热处理要求等。

此外，还应考虑生产数量和生产条件等因素。根据上述各种影响因素，综合考虑确定零件表面的加工方案，这种方案必须能保证零件达到图样要求，加工稳定可靠且生产率较高，加工成本经济合理。一般根据零件的经济精度和表面粗糙度来选择加工方法。

经济精度和表面粗糙度是指在正常生产条件下，某种加工方法在经济效果良好（成本合理）时所能达到的加工精度和表面粗糙度。正常生产条件是指完好的设备、合格的夹具和刀具、相应技术等级的操作工人以及合理的工时定额。

2. 加工阶段的划分

对于加工精度要求较高、结构和形状较复杂、刚性较差的零件，其切削加工过程应划分为不同的阶段，一般分为粗加工、半精加工、精加工三个阶段。

（1）各加工阶段的主要任务

1）粗加工阶段的主要任务是切除工件各加工表面的大部分加工余量。在粗加工阶段，主要问题是如何提高生产率。

2）半精加工阶段要达到一定的准确度要求，完成次要表面的最终加工，并为主要表面的精加工做好准备。

3）精加工阶段完成各主要表面的最终加工，使零件的加工精度和表面质量达到图样规定的要求。在精加工阶段，主要问题是如何确保零件的质量。

（2）划分加工阶段的作用

1）有利于消除或减小变形对加工精度的影响。粗加工阶段中切除的金属余量大，产生的切削力和切削热也大，所需夹紧力较大，因此工件产生的内应力和由此而引起的变形较大，不可能达到较高的精度。在粗加工后再进行半精加工、精加工，可逐步释放内应力，修正工件的变形，提高各表面的加工精度并减小表面粗糙度值，最终达到图样规定的要求。

2）可及早发现毛坯的缺陷。在粗加工阶段可及早发现锻件、铸件等毛坯的裂纹、夹杂、气孔、夹砂及加工余量不足等缺陷，及时予以报废或修补，以避免造成不必要的浪费。

3）有利于合理地选择和使用设备。粗加工阶段可选用功率大、刚性好但精度不高的机床，充分发挥机床设备的潜力，提高生产率；精加工阶段则应选用精度高的机床。由于精加工阶段中的切削力和切削热小，机床的磨损相应较小，因此有利于长期保持设备的精度。

4）有利于合理组织生产和工艺布置。实际生产中，不应机械地进行加工阶段的划分。对于毛坯质量好、加工余量小、刚性好并预先进行去内应力退火的工件，在加工精度要求不是很高时，不一定要划分加工阶段，可将粗加工、半精加工，甚至包括精加工合并在一道工序中完成，而且各加工阶段也没有严格的区分界限，一些表面的加工可能在粗加工阶段完成，一些表面的最终加工可以在半精加工阶段完成。

3. 工序的集中与分散

工序集中与工序分散是拟订工艺路线的两个不同的原则。工序集中是指在一道工序中尽可能多地包含加工内容，而使总的工序数目减少，集中到极限时，一道工序就能把工件加工到满足图样规定的要求。工序分散则相反，整个工艺过程工序数目增多，使每道工序的加工内容尽可能减少，分散到极限时，一道工序只包含一个简单工步的内容。

（1）工序集中的特点

1）减少工序数目，简化了工艺路线，缩短了生产周期。

2）减少了机床设备、操作工人和生产面积。

3）一次装夹后可加工许多表面，因此容易保证有关零件表面之间的位置精度。

4）有利于采用生产率高的专用设备、组合机床、自动机床和工艺装备，从而大大提高了劳动生产率，但在通用机床上采用工序集中方式加工，则由于换刀及试切时间较多，会降低生产率。

5）采用的专用机床设备和工艺装备较多，设备费用大，机床和工艺装备调整费时，生产准备工作量大，对调试、维修工人的技术水平要求高，还不利于产品的开发和换代。

（2）工序分散的特点

1）工序内容单一，可采用比较简单的机床设备和工艺装备，调整容易。

2）对操作工人的技术水平要求低。

3）生产准备工作量小，变换产品容易。

4）机床设备数量多，工人数量多，生产面积大。

5）由于工序数目增多，工件在工艺过程中的装卸次数也增多，对保证零件表面之间较高的位置精度不利。

综上所述，工序集中与工序分散各有优缺点，在拟订工艺路线时要根据生产规模、零件的结构特点和技术要求，结合工厂、车间的现场生产条件，进行全面综合分析，确定工序集中和分散的程度。在一般情况下，单件、小批量生产都采用工序集中原则，而大批量生产既可采用工序集中原则，也可采用工序分散原则。根据目前工艺条件和今后工艺发展趋势，随着自动与半自动机床、数控机床的使用日益广泛，应多采用工序集中的原则制订工艺过程和组织生产。

4. 加工顺序的确定

（1）机械加工顺序的安排　安排机械加工顺序时，应遵循下述原则。

1）先粗后精。先进行粗加工，后进行精加工。

2）先基面后其他表面。先加工出基准面，再以它为基准加工其他表面。如果基准面不止一个，则按照逐步提高精度的原则，先确定基准面的转换顺序，然后考虑其他各表面的加工顺序。

3）先主后次。先安排主要表面的加工，后安排次要表面的加工。

（2）热处理工序的安排　热处理工序在工艺路线中的安排，主要取决于零件的材料和热处理的目的及要求。热处理的目的一般是提高材料的力学性能（强度、硬度等），改善材料的可加工性，消除内应力，以及为后续热处理做组织准备等。常用钢件、铸铁件的热处理工序在工艺路线中的安排如下。

1）安排在机械加工前的热处理工序有退火、正火、人工时效等。

2）安排在粗加工以后半精加工以前的热处理工序有调质、时效、退火等。

3）安排在半精加工以后精加工以前的热处理工序有渗碳、淬火、高频感应淬火，以及去应力退火等。

4）安排在精加工以后的热处理工序有氮化、接触电阻加热淬火（如铸铁机床导轨）等。

（3）表面处理工序的安排　表面处理在工艺过程中的主要作用是提高零件的耐蚀性和耐磨性，增加零件的电导率和作为一些工序的准备工序。除工艺需要的表面处理（如零件非渗碳表面的保护性镀铜、非氮化表面的保护性镀锡和镀镍等）视工艺要求而定以外，一般的表面处理工序都安排在工艺过程的最后。

（4）检验工序的安排 检验对保证产品质量有着极为重要的作用。除操作者或检验员在每道工序中进行自检、抽检外，一般还安排独立的检验工序。检验工序属于机械加工工艺过程中的辅助工序，包括中间检验工序、特种检验工序和最终检验工序。

在下列情况下安排中间检验工序：

1）工件从一个车间转到另一个车间前后。其目的是便于分析产生质量问题的原因和分清零件质量事故的责任。

2）重要零件的关键工序加工后。目的是控制加工质量并避免工时浪费。

特种检验主要指无损检测，此外还有密封性检验、流量检验、称重检验等。零件表面层缺陷的检测方法主要有磁粉检测（钢质导磁材料零件）和荧光检测（非导磁的有色金属零件），通常安排在工件精加工后进行。零件内部缺陷的检测方法主要有 X 射线、γ 射线和超声检测等，一般安排在切削加工开始前或粗加工后进行。

最终检验工序安排在零件表面全部加工完成之后。

车工综合训练

零件车削加工一

零件图如图 11-1 所示。

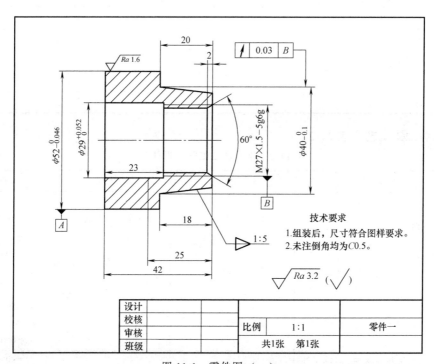

图 11-1 零件图（一）

学习目标

1）能合理确定车削工艺并选择刀具。

2）能正确装夹工件。

3）能正确使用工具、量具。

知识准备

1．操作要点

1）对车床各注油孔加油润滑。

2）确定车削工艺，合理选择刀具。

3）正确装夹工件，工件必须夹紧。

2．注意事项

1）加工 $\phi55mm\times45mm$ 棒料，留加工余量，保证表面粗糙度。

2）调头后必须打表找正，以保证相关几何公差的要求。

3．工具、量具、刀具清单（表 11-1）

表 11-1 工具、量具、刀具清单（零件一）

序号	名 称	规 格	精 度	数量
1	千分尺	25～50mm　50～75mm	0.01mm	2
2	游标卡尺	0～150mm	0.02mm	1
3	百分表	0～10mm	0.01mm	1
4	磁力表座			1
5	90°外圆车刀			1
6	45°外圆车刀			1
7	内螺纹车刀			1
8	$\phi24mm$ 麻花钻			1
9	内孔车刀			1
10	中心钻			1

4．推荐加工工艺（表 11-2）

表 11-2 推荐加工工艺（零件一）

序号	操作步骤	夹具和量具	刀具	切削用量
1	装夹毛坯，留 25mm 长，车端面	自定心卡盘	中心钻、45°外圆车刀	$v_c=40\sim80m/min$ $f=0.1\sim0.3mm/r$ $a_p=1\sim2mm$
2	钻底孔，车外圆至 $\phi53mm$	自定心卡盘	90°外圆车刀、$\phi24mm$ 麻花钻	$v_c=30\sim70m/min$ $f=0.2\sim0.3mm/r$ $a_p=1\sim4mm$
3	车 $\phi29mm$ 孔至要求尺寸	自定心卡盘	内孔车刀	$v_c=50\sim70m/min$ $f=0.05\sim0.1mm/r$ $a_p=0.05\sim0.5mm$
4	调头找正装夹 $\phi53mm$ 外圆，车端面，保证长度至要求尺寸	自定心卡盘	45°外圆车刀	$v_c=40\sim80m/min$ $f=0.1\sim0.3mm/r$ $a_p=1\sim2mm$
5	车 $\phi40mm$ 外圆到要求尺寸	自定心卡盘	90°外圆车刀	$v_c=70\sim90m/min$ $f=0.05\sim0.1mm/r$ $a_p=0.05\sim0.5mm$

（续）

序号	操作步骤	夹具和量具	刀具	切削用量
6	车 1:5 的外圆锥度	自定心卡盘	90°外圆车刀	$v_c = 70 \sim 90\text{m/min}$ $a_p = 0.05 \sim 0.5\text{mm}$ 手动进给
7	车 M27 孔径至 25.5mm	自定心卡盘	内孔车刀	$v_c = 50 \sim 70\text{m/min}$ $f = 0.05 \sim 0.5\text{mm/r}$ $a_p = 0.5 \sim 1\text{mm}$
8	车 M27×1.5mm 螺纹	自定心卡盘	内螺纹车刀	$v_c = 1 \sim 5\text{m/min}$ $f = 1.5\text{mm/r}$ $a_p = 0.05 \sim 0.1\text{mm}$

5. 零件加工评价（表 11-3）

表 11-3　零件加工评价表（零件一）

编号	位置	特征	公差	考生检测结果			成品质量检测			评分记录	
				实际尺寸	特征符合		实际尺寸	特征符合		检测得分	质量得分
					是	否		是	否		

零件车削加工二

零件图如图 11-2 所示。

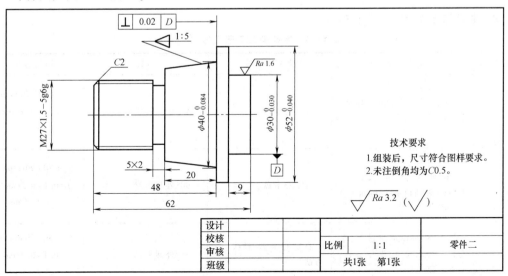

图 11-2　零件图（二）

学习目标

能够正确根据图样的尺寸要求完成各相关表面加工。

知识准备

1. 操作要点

1）详细阅读图样，根据图样要求制订加工工艺和加工工序。

2）根据工艺，合理选择车刀、钻头和夹具。

3）按工艺要求完成零件的加工，达到尺寸要求。

2. 注意事项

粗、精车分开，且精车时将转速提高 30%，以降低表面粗糙度的值。

3. 工具、量具、刀具清单（表 11-4）

表 11-4　工具、量具、刀具清单（零件二）

序号	名　称	规　格	精　度	数量
1	千分尺	25~50mm　50~75mm	0.01mm	2
2	游标卡尺	0~150mm	0.02mm	1
3	百分表	0~10mm	0.01mm	1
4	磁力表座			1
5	90°外圆车刀			1
6	45°外圆车刀			1
7	外螺纹车刀			1
8	中心钻			1
9	车槽刀			1
10	顶尖			1

4. 推荐加工工艺（表 11-5）

表 11-5　推荐加工工艺（零件二）

序号	加工步骤	夹具和量具	刀具	切削用量
1	装夹毛坯，留 20mm 长度，车端面、钻中心孔	自定心卡盘	45°外圆车刀、中心钻	$v_c = 50~70$m/min $f = 0.1~0.3$mm/r $a_p = 1~3$mm
2	车外圆到 ϕ53mm，车 ϕ30mm 外圆到 ϕ31×9mm	自定心卡盘	90°外圆车刀	$v_c = 70~90$m/min $f = 0.1~0.3$mm/r $a_p = 1~5$mm
3	调头夹 ϕ31mm 外圆处，车总长至要求尺寸，钻中心孔，一夹一顶	自定心卡盘、顶尖、中心钻	45°外圆车刀	$v_c = 50~70$m/min $f = 0.1~0.3$mm/r $a_p = 1~3$mm

（续）

序号	加工步骤	夹具和量具	刀具	切削用量
4	车 ϕ40mm 外圆到 ϕ41mm× 48mm	自定心卡盘、顶尖	90°外圆车刀	$v_c = 70 \sim 90$m/min $f = 0.1 \sim 0.3$mm/r $a_p = 1 \sim 5$mm
5	车 M27mm 外圆到 ϕ28mm	自定心卡盘顶尖	90°外圆车刀	$v_c = 70 \sim 90$m/min $f = 0.1 \sim 0.3$mm/r $a_p = 1 \sim 5$mm
6	切槽 5mm×2mm	自定心卡盘、顶尖	车槽刀	$v_c = 30 \sim 50$m/min 手动进给 $a_p = 4.5$mm
7	精车 ϕ40mm 外圆到要求尺寸和 M27 外圆到 ϕ26.8mm	自定心卡盘、顶尖	90°外圆车刀	$v_c = 90 \sim 110$m/min $f = 0.05 \sim 0.1$mm/r $a_p = 0.05 \sim 0.5$mm
8	车 1∶5 的外圆锥度,调整小滑板	自定心卡盘、顶尖	90°外圆车刀	$v_c = 90 \sim 110$m/min 手动进给 $a_p = 0.5 \sim 1$mm
9	车 M27×1.5mm 外螺纹	自定心卡盘、顶尖	外螺纹车刀	$v_c = 1 \sim 5$m/min $f = 1.5$mm/r $a_p = 0.1 \sim 0.3$mm
10	倒角、倒棱			

5. 零件加工评价（表 11-6）

表 11-6 零件加工评价（零件二）

编号	位置	特征	公差	考生检测结果		成品质量检测		评分记录	
				实际尺寸	特征符合	实际尺寸	特征符合	检测得分	质量得分
					是 / 否		是 / 否		

零件车削加工三

零件图如图 11-3 所示。

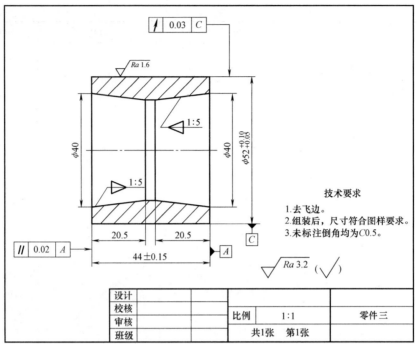

图 11-3　零件图（三）

学习目标

能够正确根据图样的要求完成各相关表面的加工。

知识准备

1．操作要点

1）详细阅读图样，根据图样要求制订加工工艺和加工工序。

2）根据工艺，合理选择车刀、钻头和夹具。

3）按工艺要求完成零件的加工，达到尺寸要求。

2．注意事项

粗、精车分开，且精车时将转速提高30%，以降低表面粗糙度的值。

3．工具、量具、刀具清单（表11-7）

表 11-7　工具、量具、刀具清单（零件三）

序号	名　　称	规　　格	精　　度	数量
1	千分尺	25～50mm　50～75mm	0.01mm	2
2	游标卡尺	0～150mm	0.02mm	1
3	百分表	0～10mm	0.01mm	1
4	磁力表座			1
5	90°外圆车刀			1
6	45°外圆车刀			1
7	中心钻			1
8	塞规			1
9	φ32mm 钻头			1

4. 推荐加工工艺（表 11-8）

表 11-8 推荐加工工艺（零件三）

序号	加工步骤	夹具和量具	刀具	切削用量
1	装夹毛坯，留 30mm 长度，车端面钻中心孔，车外圆到 $\phi53$mm	自定心卡盘、中心钻、卡尺	45°外圆车刀 90°外圆车刀	$v_c = 40 \sim 80$m/min $f = 0.2 \sim 0.3$mm/r $a_p = 0.1 \sim 3$mm
2	钻底孔	自定心卡盘、卡尺	$\phi32$mm 钻头	$v_c = 32 \sim 50$m/min 手动进给 $a_p = 34$mm
3	车内孔到 35.9mm，转动小滑板找正锥度	自定心卡盘、卡尺、百分表	内孔车刀	$a_p = 0.1 \sim 1$mm $f = 0.14 \sim 0.1$mm/r $v_c = 20 \sim 40$m/min
4	车 1∶5 内圆锥	自定心卡盘、卡尺、塞规	内孔车刀	$a_p = 0.1 \sim 1$mm 手动进给 $v_c = 15 \sim 20$m/min
5	调头装夹，找正工件，保证总长尺寸	自定心卡盘、百分表、卡尺	45°外圆车刀	$a_p = 0.1 \sim 1$mm $f = 0.14 \sim 0.2$mm/r $v_c = 50 \sim 70$m/min
6	车外圆至要求尺寸 $\phi52$mm	自定心卡盘、卡尺	90°外圆车刀	$a_p = 0.5 \sim 3$mm $f = 0.14 \sim 0.2$mm/r $v_c = 50 \sim 70$m/min
7	车 1∶5 内圆锥	自定心卡盘、塞规	内孔车刀	$a_p = 0.1 \sim 1$mm 手动进给 $v_c = 15 \sim 20$m/min

5. 零件加工评价（表 11-9）

表 11-9 零件加工评价（零件三）

编号	位置	特征	公差	考生检测结果		成品质量检测		评分记录	
				实际尺寸	特征符合	实际尺寸	特征符合	检测得分	质量得分
					是 | 否		是 | 否		

铣工篇

　　铣工在制造业中是很重要的工种，能加工复杂的特种工具零件。铣工不仅要掌握经常使用的机床工具的知识，还要熟练掌握计算和调整，如分度测角等。齿轮花键、涡轮成形等都是铣工的"拿手好戏"，工具模具更离不开铣工的参与。

　　铣工工艺主要应用于使用铣床加工各种异形或凹槽等，如齿轮的齿面、零件的键槽等。

1. 工作职责

1）完成教师安排的工作任务和目标。

2）负责铣工作业和设备维护。

3）配合其他工种进行协同作业。

2. 必备基础

1）掌握零件图的绘图与识图能力。

2）掌握一定的切削原理知识。

第十二章

普通铣床结构和基本操作

一、铣床结构简介

1. 铣床

铣床是一种用途广泛的机床，是金属切削机床中的一个类别，在铣削过程中，铣床是铣刀、夹具、工件的基体。在铣床上不同种类的铣刀和夹具构成统一体完成多种型面和复杂零件的加工任务，可以加工平面（水平面、垂直面）、沟槽（键槽、T形槽、燕尾槽等）、分齿类零件（齿轮、花键轴、链轮）、螺旋形表面（螺纹、螺旋槽）及各种曲面。此外，铣床还可用于对回转体表面、内孔进行加工，也可用于切断工件等。铣床在工作时，工件装在工作台上或分度头等附件上，铣刀旋转为主运动，辅以工作台或铣头的进给运动，工件即可获得所需的加工表面。由于是多刃断续切削，因而铣床的生产率较高。简单来说，铣床是可以对工件进行铣削、钻削和镗孔加工的机床。铣削的基本内容如图12-1所示。

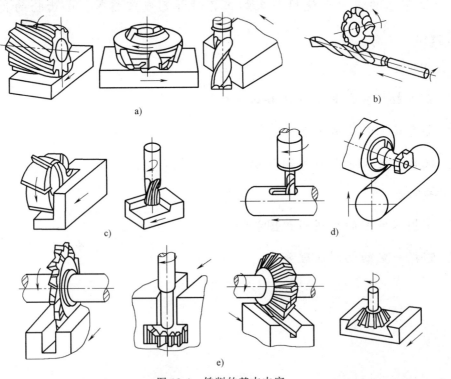

图 12-1　铣削的基本内容

a）铣平面　b）铣螺旋槽　c）铣台阶面　d）铣键槽　e）铣直槽

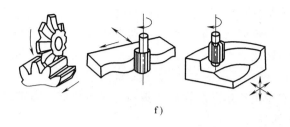

f)

g)

图 12-1 铣削的基本内容（续）

f) 铣成形面 g) 切削

2. 铣床的结构及传动系统

铣床形式多样，各有特点，一般按布局形式和适用范围加以区分。

龙门铣床用于加工大型零件；仪表铣床用于加工仪器仪表和其他小型零件；工具铣床用于模具和工具制造，配有立铣头、万能角度工作台和插头等多种附件，还可进行钻削、镗削和插削等加工；升降台铣床有万能式、卧式和立式等，这类铣床的通用性较强，应用较广，其中卧式和立式升降台铣床的主要区别在于主轴轴线相对于工作台的安置位置不同。

（1）卧式升降台铣床 其前端有沿床身垂直导轨运动的升降台，工作台可随升降台做上下运动，并在升降台上可做纵向和横向运动，铣床主轴与工作台台面平行。这种铣床使用方便，适用于加工中小型工件。卧式升降台铣床质量稳定，操作方便，性能可靠，可用各种圆柱铣刀、圆片铣刀、角度铣刀、成形铣刀和面铣刀加工各种平面、斜面、沟槽等。如果使用适当的铣床附件，可加工齿轮、凸轮、弧形槽及螺旋面等形状特殊的零件，配置万能铣头、回转工作台、分度头等铣床附件，采用镗刀杆后也可对中、小零件进行孔加工。卧式升降台铣床的外形如图 12-2 所示。卧式升降台铣床的典型型号为 X6132。

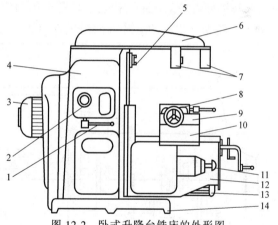

图 12-2 卧式升降台铣床的外形图

1—主轴变速手柄 2—主轴变速盘 3—主轴电动机
4—床身 5—主轴 6—悬梁 7—刀架支杆
8—工作台 9—传动部分 10—溜板
11—进给变速手柄及变速盘 12—升降台
13—进给电动机 14—底座

1）主轴变速机构。主轴变速机构安装在床身内，功能是将主电动机的额定转速通过齿轮变速，转换成 18 种不同转速，并传递给主轴，以适应铣削的需要。

2）床身。床身用来安装和支承铣床各部件，是铣床的基体，内部有主传动装置，主轴箱、电器箱。床身安装在底座上，底座是铣床的脚，内部还有切削液等。

3）主轴。主轴是一前端带锥孔的空心轴，锥孔的锥度为 7∶24，用来安装铣刀。电动机输出的回转运动经主轴变速机构驱动主轴连同铣刀一起回转，实现主轴运动。

4）悬梁。悬梁安装在床身上方的导轨上，悬梁可根据工作要求沿导轨做前后移动，以满足加工需要。

5）刀架支杆。刀架支杆用来支承刀杆的外端，增加刀杆的刚性。

6）工作台。工作台用来安装需用的铣床夹具和工件，带动工件实现纵向进给运动。

7）传动部分。传动部分将机械能转化为工作台的运动，实现工件在空间内的上下左右移动，以达到加工成所需形状的目的。

8）溜板。溜板用来带动工作台实现进给运动，横向滑板与工作台之间设有回转盘，可以使工作台在水平面内做±45°范围内的转动。

9）进给变速手柄及变速盘。通过改变变速盘上手柄的位置来改变机床进给速度。

10）升降台。升降台沿床身的垂直导轨做上下运动，即铣削时的垂直进给运动。

11）进给电动机。进给电动机用来调整和变换工作台的进给速度，以适应铣削的需要。

12）底座。底座用来支持床身，承受铣床的全部重量，并盛有切削液。

X6132型卧式升降台铣床的传动系统如图12-3所示。主轴的旋转运动从7.5kW、1450r/min的主电动机开始，由ϕ150mm和ϕ290mm的V带轮将轴Ⅰ的旋转运动传至轴Ⅱ，轴Ⅱ上有一个可沿轴向移动用来变速的三联滑移齿轮变速组，通过与轴Ⅲ上相应齿轮的啮合而带动轴Ⅲ转动，轴Ⅳ上也有一个三联滑移齿轮变速组与轴Ⅲ上相应的齿轮啮合，轴Ⅳ的右方也设置一个双联滑移齿轮变速组，当它与轴Ⅴ上的相应齿轮啮合时，使主轴获得30~1500r/min的18种不同转速。主轴的旋转方向随电动机正、反转向的改变而改变。主轴的制动由安装在

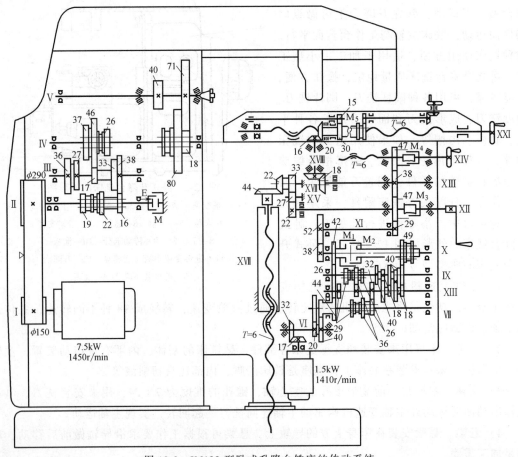

图 12-3　X6132 型卧式升降台铣床的传动系统

轴Ⅱ上的电磁制动器 M 进行控制。

X6132 型铣床的进给运动由功率为 1.5kW 的电动机单独驱动，与主轴旋转系统没有直接关系。电动机的运动经锥齿轮副 17/32 传至轴Ⅵ，然后分两条路线：一条经齿轮副 20/44 传至轴Ⅶ~Ⅸ轴间的曲回机构，经离合器 M₂ 将运动传至轴Ⅹ，这就是进给传动路线；另一条由齿轮副 44/42 经离合器 M₁ 将运动传至轴Ⅹ，这就是快速移动传动路线。轴Ⅹ的运动经电磁离合器 M₃、M₄ 以及端面齿离合器 M₅ 的不同接合，便可使工作台分别获得垂直、横向和纵向三个方向的进给运动或快速移动。

M_1 接合时 M_2 脱离，所以工作台的进给运动和快速移动是互锁的，不能同时进行。

（2）立式升降台铣床　立式升降台铣床与卧式升降台铣床的主要差异是铣床主轴与工作台台面垂直，典型型号为 X5032，它是一种常见的立式升降台铣床，与 X6132 型卧式升降台铣床的主要不同点是 X5032 型立式升降台铣床的主轴位置与工作台面垂直并安装在可以回转的铣头壳体内；工作台与横向滑板的连接处没有回转盘，所以工作台在水平面内不能扳转。

X5032 型立式升降台铣床的外形如图 12-4 所示，适用于单件、小批量或成批生产，主要用于加工平面、台阶面和沟槽等，配备附件可铣削齿条、齿轮、花键、圆弧面、圆弧槽和螺旋槽等，还可进行钻削、镗削加工。

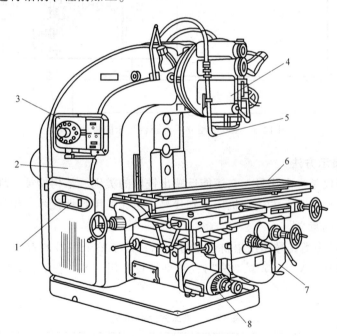

图 12-4　X5032 型立式升降台铣床的外形图

1—机床电器系统　2—床身　3—变速操作系统　4—主轴及传动系统　5—冷却系统
6—工作台　7—升降台　8—进给变速系统

X5032 型立式升降台铣床的传动系统如图 12-5 所示，它的主轴系统自电动机至轴Ⅴ的传动方式和结构与 X6132 型卧式升降台铣床的相同。从轴Ⅴ经过一对齿数相同（$z=29$）的锥齿轮将运动传至轴Ⅵ，再经过一对齿数相同（$z=55$）的圆柱齿轮带动铣床主轴Ⅶ转动，主轴Ⅶ同样可获得 30~1500r/min 的 18 种不同转速。

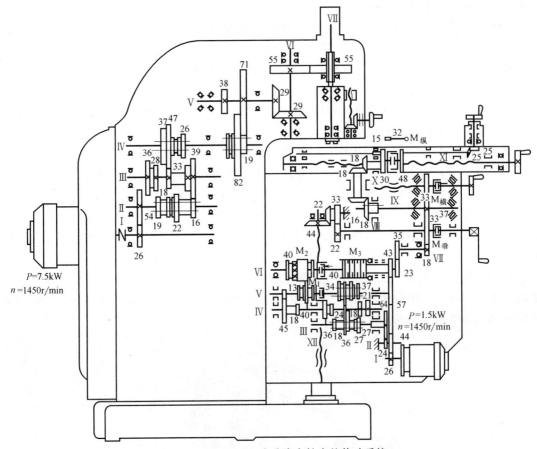

图 12-5　X5032 型立式升降台铣床的传动系统

3. 铣床型号表示方法

铣床的型号不仅是一个代号，它还能反映出铣床的类别、结构特征、性能和主要的技术规程。这里仅介绍型号表示方法和机床类别代号、机床通用特性代号、铣床类组系代号及主参数或设计顺序号的意义。

1）类代号。机床类代号用汉语拼音字母表示，处于整个型号的首位。例如铣床类第一个汉字的拼音字母是"X"（读作"铣"），则型号首位用"X"表示；磨床类就用拼音字母"M"表示，见表 12-1。

表 12-1　机床的分类和代号

类别	车床	钻床	镗床	磨床			齿轮加工机床	螺纹加工机床	铣床	刨插床	拉床	锯床	其他机床
代号	C	Z	T	M	2M	3M	Y	S	X	B	L	G	Q
读音	车	钻	镗	磨	二磨	三磨	牙	丝	铣	刨	拉	割	其

2）机床的通用特性及结构特性代号。机床的通用特性代号用汉语拼音字母表示，位于类代号之后，用来区分类型和规格相同而结构不同的机床。例如数字控制铣床，机床的类代号用"X"表示，居首位，通用特性代号用"K"表示，位于"X"之后，其汉语拼音字母

的代号为"XK"。如果结构特性不同，也采用汉语拼音字母表示，位于通用特性代号之后，但具体字母的表示意义没有明文规定，机床的通用特性代号见表12-2。

表 12-2 机床的通用特性代号

通用特性	高精度	精密	自动	半自动	数控	加工中心（自动换刀）	仿形	轻型	加重型	柔性加工单元	数显	高速
代号	G	M	Z	B	K	H	F	Q	C	R	X	S
读音	高	密	自	半	控	换	仿	轻	重	柔	显	速

3）机床的组、系代号。机床的组、系代号用两位阿拉伯数字表示，位于类代号或通用特性代号、结构特性代号之后。例如铣床 X5032，在"X"之后的两位数字"50"表示立式升降台铣床；又如铣床 X6132，在"X"之后的两位数字"61"表示卧式万能升降台铣床。机床的组别代号见表12-3。

表 12-3 机床的组别代号

组别名称	悬臂及滑枕铣床	龙门铣床	平面铣床	仿形铣床	立式升降台铣床	卧式升降台铣床	床身铣床	工具铣床	其他铣床
组别代号	1	2	3	4	5	6	7	8	9

4）主参数或设计顺序代号。机床型号中的主参数代号是将实际数值除以 10 或 100，折算后用阿拉伯数字表示的，位于组、系代号之后。机床的主参数经过折算后，当折算值大于 1 时，用整数表示，如工作台面宽度 320mm 是"X5032"的主参数，按 1/10 折算值为 32，大于 1，则主参数代号用"32"表示。也有一些用 1/100 进行折算表示，常见于龙门铣床、双柱铣床等较大型的铣床。各种机床的主参数内容有所不同，如 X5032、X6132 铣床的主参数都是工作台面的宽度，而键槽铣床的主参数则表示加工槽的最大宽度。

5）型号举例

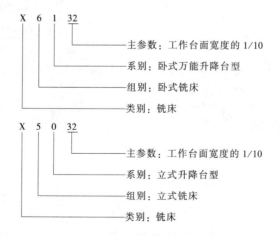

4. 铣床的附件

（1）回转工作台 回转工作台主要用于较大零件的分度工作或非整圆弧面的加工。转动手轮，通过蜗轮蜗杆传动使回转工作台转动，回转工作台周围有刻度，用来观察和确定回转工作台的位置；手轮上的刻度盘可读出回转工作台的准确位置，如图 12-6 所示。

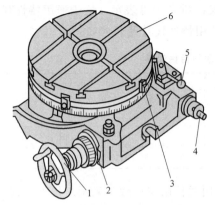

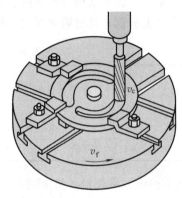

图 12-6　回转工作台

1—手轮　2—偏心环　3—挡铁　4—传动轴　5—离合器手柄　6—台面

（2）平口钳　平口钳是一种通用夹具，如图 12-7 所示。使用时，先校正平口钳在工作台上的位置，然后再夹紧工件。平口钳一般用于小型较规则的零件，如较方正的板块类零件、盘套类零件、轴类零件和小型支架等。

用平口钳安装工件时，应注意使工件被加工面高于钳口，否则应用垫铁垫高工件；应防止工件与垫铁间有间隙；为保护工件的已加工表面，可以在钳口与工件之间垫软金属片。

（3）分度头　分度头是铣床的重要附件之一，常用于进行铣斜面及加工螺旋槽等的分度工作。分度方法有简单分度、复式分度和差动分度。

常用的分度头结构如图 12-8 所示，主要由底座、转动体、分度盘和主轴等组成，主轴可随转动体在垂直平面内转动。通常在主轴前端安装自定心卡盘或顶尖，用于安装工件。转动分度手柄可使主轴带动工件转过一定角度，称为分度。

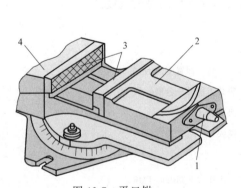

图 12-7　平口钳

1—螺杆　2—活动钳口　3—钳口铁　4—固定钳口

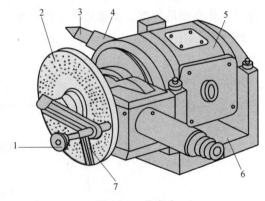

图 12-8　分度头

1—分度手柄　2—分度盘　3—顶尖　4—主轴
5—转动体　6—底座　7—扇形夹

（4）立铣头　利用传动齿轮将主轴的转动传递给立铣头，可实现铣垂直面，将立铣头扳转一定角度可以铣斜面。

（5）压板　压板有平压板、十字压板和角形压板等。压板的装夹如图 12-9 所示，装夹时应注意当工件长细比大于 1 时，在高度方向上加工时可能会失稳，造成事故。回转件横置装夹时，尽量采用 V 形块辅助装夹，以防工件滑移。薄壁（塑性高、硬度低的）工件装夹时，最好选用合适的夹具辅助装夹，以防变形。必须在配合面或螺纹面装夹时，要选比工件硬度低的辅助件（如铜皮、硬木等）隔离。

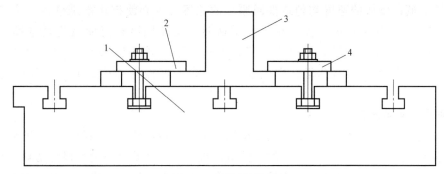

图 12-9　压板的装夹

1—工作台　2、4—压板　3—工件

二、铣床的基本操作

铣床的型号较多，不同型号的铣床技术参数如转速及进给可调范围、工作台尺寸、电动机功率以及加工方式等各不相同。以下重点介绍立式升降台铣床（图 12-10）的操作。

1. 立铣头操作

立铣头安装在床身上部弯头的前面，立铣头能相对于床身向左右做回转运动。立铣头内装着主轴，变速机构中输出轴上的锥齿轮与立铣头内的锥齿轮啮合，再经一对直齿轮传动而带动轴套旋转，主轴的上半部装于此轴套内，轴套上的滑键带动主轴一同旋转；主轴可以在轴套内轴向移动。主轴的下半部则借助精密的滚动轴承安装在套筒内。当摇动手轮时，经一对小锥齿轮再转动丝杠，丝杠转动时，通过螺母带着套筒和主轴做轴向移动，以便铣削不同深度的加工面和钻孔。如果加工时轴向精度要求较高，还可以装上千分表，以便观察和检查。主轴套筒在不同的轴向位置上都可用手柄夹紧。

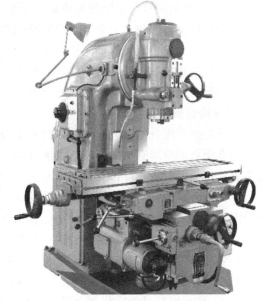

图 12-10　立式升降台铣床

2. 变速操纵部分操作

变速操纵箱是一个独立的部件，它安装在床身侧面窗口上，靠近传动机构的滑动齿轮，由一个手柄和一个转盘来操作。变速时的操作顺序如下。

1）把手柄向下压，使手柄的楔块自槽内滑出，然后把手柄向左转，直到楔块落到第二道槽内为止。

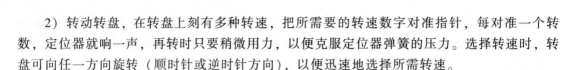

2）转动转盘，在转盘上刻有多种转速，把所需要的转速数字对准指针，每对准一个转数，定位器就响一声，再转时只要稍微用力，以便克服定位器弹簧的压力。选择转速时，转盘可向任一方向旋转（顺时针或逆时针方向），以便迅速地选择所需转速。

3）把手柄以较快的速度均匀地推回原来的位置，务必使楔块落进槽内。为了使齿轮的齿端不受另一齿轮齿端的碰撞，在变换手柄时，变速操纵箱能使主传动电动机有短暂的冲动，使滑动齿轮顺利推移和啮合。变速时应按下"停止"按钮，使主轴停止转动以后再进行变速，也允许在铣床运转中变速，因为在变速操纵箱中设有使铣床停止的电气联锁装置。

3. 进给变速部分操作

进给变速是用来变换工作台的进给速度以及使工作台做快速移动的操作。进给变速机构安装在升降台的左边，并由升降台内的进给电动机带动，其本身包括五根传动轴，利用传动轴上的两个三联齿轮和一套背轮机构的各种啮合，得到多种进给速度。变换进给速度时，按下列顺序进行。

1）把手柄向前拉出。

2）转动手柄，此时转盘也跟着转动，把所需的进给速度的数字对准箭头，但必须注意转盘上的数字等于工作台纵向的进给速度，横向的进给速度只相当于纵向进给速度的 2/3，而垂直的进给速度则等于纵向进给速度的 1/3。

3）把手柄向前拉至极端位置再退回原始位置。

由于在操纵箱内装有一个与手柄同轴的圆盘，这个圆盘在各个回转角度上钻有一定组合的大小孔，圆盘在跟随手柄轴向移动时，操纵着三对齿条的轴向位移，而固定在齿条轴上的拨叉按照所选择的进给速度相应移动滑移齿轮。为了保证变速顺利，进给电动机也装有冲动装置，当蘑菇形手柄轴向移动时，终点开关使进给电动机发生冲动，齿轮顺利地啮合。

4. 升降台部分操作

升降台位于床身的前方，把工作台和床身连接起来，并传递纵向、横向和升降的进给运动。在升降台的后部有燕尾形导轨与床身相连，用镶条调整导轨的配合间隙。升降台右后方有夹紧用的手柄，将升降台夹紧在床身上。升降台顶部有矩形导轨，用于安装底座。

横向和升降的机动进给操作手柄是复式的，也就是有两个作用完全相同的手柄分别安装于升降台左侧的前后方，手柄有五个位置，各位置控制的运动如下。

1）工作台向上进给或快速向上（手柄向上）。

2）工作台向下进给或快速向下（手柄向下）。

3）工作台向前进给或快速向前（手柄向前）。

4）工作台向后进给或快速向后（手柄向后）。

5）横向进给停止（手柄在中间零位）。

5. 工作台部分操作

工作台部分是纵向进给系统中的最后一环，在这部分可以操纵纵向的手动、机动和快速运动。同时借助于底座和升降台，还可以获得横向和升降的手动、机动和快速运动，三方面的运动之间都有联锁装置。

操纵工作台纵向运动的手柄安装在工作台底座的顶面中央部分，该手柄有三个位置，即"向右进给""向左进给"和"停止"。

操纵工作台纵向机动进给的手柄也是复式的，有另外一个作用完全相同的手柄装在工作台底座的左下方。

工作台纵向燕尾导轨和横向矩形导轨的配合间隙由镶条来调整。在工作台底座左右两侧设有两个夹紧手柄，用来将工作台底座夹紧于升降台上，当此手柄处于夹紧位置时，不能摇动横向进给手轮，更不可开动横向的机动进给或快速移动，否则可能会损坏横向丝杠悬架或相关零件。

6. 铣床安全操作规程

1）进入工作场地必须穿戴工作服。操作时不准戴手套（防止手套挂在刀具上，从而导致事故的发生），女同学必须戴上工作帽（防止头发过长而卷入机器中）。

2）开机前，检查铣床手柄位置及刀具装夹是否牢固可靠，刀具运动方向与工作台进给方向是否正确。

3）向各注油孔注油，空转试切（冬季必须先低速空转）2min 以上，查看各部位，并听声音是否正常。

4）切削时先开机，如中途停机应先停止进给，退刀后再停机。

5）集中精力，坚守岗位，离开时必须停机，铣床不许超负荷工作。

6）工作台上不准堆积过多的铁屑，工作台及导轨面上禁止摆放工具或其他物件，工具应放在指定位置。

7）切削过程中，禁止用毛刷在与刀具转向相同的方向清理铁屑或加切削液。

8）机床变速、更换铣刀以及测量工件尺寸时，必须停机。

9）严禁两个方向同时自动进给。

10）铣刀距离工件 10mm 内，禁止快速进给，不得连续点动快速进给。

11）经常注意各部分润滑情况，如发现异常情况或异常声音应立即停机并报告。

12）工作结束后，将手柄摇到零位，关闭总电源开关，将工夹量具擦净放好，擦净铣床，做到工作场地清洁整齐。

7. 铣床操作注意事项

（1）工作前

1）检查操作手柄、手轮、开关、旋钮是否处于正确位置，操纵是否灵活，安全装置是否齐全、可靠，各部位状态是否良好。

2）检查油箱中的油量是否充足，擦净导轨面灰尘；按润滑图表的要求做好润滑工作，然后接通电源。

3）停机 8h 以上时，开机后应先低速空转 3~5min，确认运转正常后，才能开始工作。

（2）工作中

1）严禁超性能要求使用铣床。

2）禁止在铣床的导轨表面放置物品。

3）安装工件必须牢固可靠，装夹时应轻拿轻放，严禁在工作台面上随意敲打。

4）装卸刀具时应将主轴制动，刀杆锥面和锥孔面应清洁、无磕痕、无油、刀杆拉紧丝杠和固定键必须牢固可靠。

5）刀具装夹完毕后，必须进行空转试验，确认无误后再开始加工。

6）工作台除需移动的部件外，其余部件必须锁紧，避免工作台振动。

7）严禁用磨钝的刀具进行铣削，并根据材质和有关技术要求选择正确的切削用量。

8）加工较重的工件时，必须安装升降台支承架。

9）用交换齿轮铣削工件螺旋槽时，应适当降低切削用量。

10）经常变换工作台上工件的装夹位置，以减小纵向丝杠的集中局部磨损，使其均匀磨损。

11）主轴、工作台和升降台在移动前，应松开锁紧手柄。

12）铣床开动后，操作者必须集中精神，不准擅自离开工作岗位或托人看管。运行过程中，严禁进行擦拭、调整、测量和清扫等工作。

13）严禁在自动进给时对刀和装夹刀具，禁止在铣床运转中变速。如装有保护装置，也可不停机进行，但必须等转速缓慢后，才可进行变速。

14）快速移动或自动进给时，必须使用定位保险装置，预先调整好限位挡块，并注意手柄方向是否正确。

15）工作台快速移动到距工件 50mm 时，应停止快速移动。快速升降前必须检查升降手摇手柄是否脱开。

16）铣削键槽、轴类或切割薄的工件时，严防刀具与分度头或工作台接触。

17）铣削过程中刀具未退出工件时，不得停机；铣削工件内侧面时，操作者必须站在铣床左边，以便观察和操纵铣床。

18）在进行顺铣加工前应调整好纵向丝杠与螺母的间隙。

19）当铣床保险机构脱开时，说明铣床已过载，应立即停机，降低切削用量或更换锋利的刀具。

20）主轴在非垂直面铣削时，应将锁紧手柄（螺钉）拧紧。

21）在铣床运行中出现异常现象时，应立即停机，查明原因，并及时处理。

（3）工作后 工作后应将工作台移至中间位置，各操纵手柄、开关、旋钮置于"停机"位置，升降台降至下部，切断电源。

8. 铣床维护保养

（1）日常维护保养

1）班前保养。对重要部位进行检查，擦净外露导轨面并按规定润滑，空转并查看润滑系统是否正常，检查各油平面，不得处于安全位置以下，加注各部位润滑油。

2）下班前保养。做好床身及部件的清洁工作，清扫铁屑及周边环境卫生。擦拭铣床，清洁工具、夹具、量具，并将其归位。

（2）各部位定期维护保养

1）床身及外表。擦拭工作台、床身导轨面、各丝杠、铣床各表面及死角、各操作手柄及手轮。导轨面去毛刺，且应清洁，无油污。拆卸清洗油毛毡，清除铁片杂质，除去各部位锈蚀，保护喷漆面，勿碰撞。停用时，设备导轨面、滑动面、各部位手轮手柄及其他暴露在外的各部位应涂油覆盖。

2）主轴箱。保持清洁，润滑良好，传动轴无轴向窜动。清洗换油，更换磨损件。检查调整离合器、丝杠、镶条、压板的松紧至合适。

3）工作台及升降台。工作台及升降台应清洁，润滑良好。检查并紧固工作台压板螺栓，检查并紧固操作手柄，调整螺母间隙，清除导轨面毛刺，对磨损件进行修理或更换，清洗调整工作台、丝杠手柄。传动轴无窜动，更换磨损件。

4）冷却系统。冷却系统应清洁，管路畅通，冷却槽内无沉淀铁屑。及时清洗冷却槽，更换切削液。

5）润滑系统。各部分油嘴、导轨面、线杆及其他润滑部位加注润滑油。检查主轴箱、进给箱油位，并加油至标高位置。油箱内保持清洁，油路畅通，油毡有效。应及时更换润滑油。

第十三章

铣刀及其应用

一、铣刀的分类及材料

铣刀是用于铣削加工的具有一个或多个刀齿的旋转刀具，工作时各刀齿依次间歇地切去工件的加工余量。铣刀主要用于在铣床上加工平面、台阶面、沟槽、成形表面和切断工件等。

1. 按用途分类

铣刀按用途分类见表 13-1。

表 13-1　铣刀按用途分类

分　类		应　用
铣平面用铣刀（图 13-1）	圆柱形铣刀	粗、精铣各种平面
	面铣刀	
铣直角沟槽用铣刀（图 13-2）	立铣刀	铣沟槽、螺旋槽与工件上各种形状的孔；铣台阶面、侧面；铣各种盘形凸轮与圆柱凸轮，以及按照靠模铣内、外曲面
	三面刃铣刀	铣各种沟槽、台阶面、工件的侧面及其凸台平面
	键槽铣刀	铣键槽
	盘形槽铣刀	铣螺钉槽及其他工件上的槽
	锯片铣刀	铣各种槽，以及板料、棒料和各种型材的切断
铣特形沟槽用铣刀（图 13-3）	T 形槽铣刀	铣 T 形槽
	燕尾槽铣刀	铣燕尾槽和燕尾
	角度铣刀	铣各种刀具的外圆齿槽与端面齿槽，铣各种 V 形槽和尖齿、梯形齿离合器的齿形
铣特形面用铣刀（图 13-4）	凸半圆铣刀	铣半圆槽和凹半圆成形面
	凹半圆铣刀	铣凸半圆成形面
	模数齿轮铣刀	铣渐开线齿轮的齿形
	叶片内弧成形铣刀	铣涡轮叶片的叶片内弧形表面

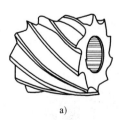  

a)　　　　　　　　　　b)　　　　　　　　　　c)

图 13-1　铣平面用铣刀

a）圆柱形铣刀　b）套式面铣刀　c）可转位硬质合金刀片面铣刀

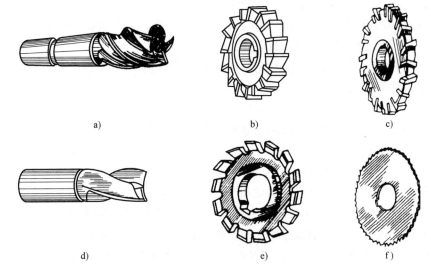

图 13-2　铣直角沟槽用铣刀

a）立铣刀　b）直齿三面刃铣刀　c）镶齿三面刃铣刀　d）键槽铣刀　e）盘形槽铣刀　f）锯片铣刀

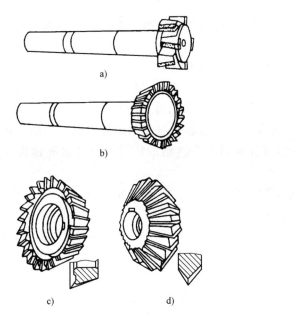

图 13-3　铣特形沟槽用铣刀

a）T形槽铣刀　b）燕尾槽铣刀
c）单角铣刀　d）对称双角铣刀

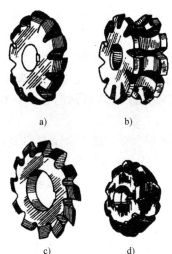

图 13-4　铣特形面用铣刀

a）凸半圆铣刀　b）凹半圆铣刀
c）模数齿轮铣刀　d）叶片内弧成形铣刀

2. 按结构分类

铣刀按结构的不同分为 4 种类型。

（1）整体式　整体式铣刀的刀体和刀齿制成一体。

（2）整体焊齿式　整体焊齿式铣刀的刀齿用硬质合金或其他耐磨刀具材料制成，并钎焊在刀体上。

（3）镶齿式 镶齿式铣刀的刀齿用机械夹固的方法紧固在刀体上，这种可换的刀齿可以是整体刀具材料的刀头，也可以是焊接刀具材料的刀头。刀头装在刀体上刃磨的铣刀为体内刃磨式；刀头在夹具上单独刃磨的铣刀为体外刃磨式。

（4）可转位式 可转位式铣刀已广泛用于面铣刀、立铣刀和三面刃铣刀等。

3. 铣刀切削部分的材料

（1）对铣刀切削部分材料的基本要求

1）高的硬度。铣刀切削部分材料的硬度必须高于工件材料的硬度，其常温下的硬度一般要求在 60HRC 以上。

2）良好的耐磨性。具有良好的耐磨性，铣刀才不易磨损，使用时间长。

3）足够的强度和韧性。足够的强度用于保证铣刀在承受很大的铣削力时不致断裂和损坏；足够的韧性用于保证铣刀在受到冲击和振动时不会产生崩刃和碎裂。

4）良好的热硬性。在切削过程中，工件的切削区和刀具切削部分的温度很高，尤其是在速度较高时，良好的热硬性使刀具在高温下有足够的硬度，从而能继续进行切削。

5）良好的工艺性。工艺性一般是指材料的可锻性、焊接性、可加工性、高温塑性以及热处理性能等。材料的工艺性越好，越便于刀具的制造，对于形状比较复杂的铣刀，这一点尤为重要。

（2）铣刀切削部分常用的材料 铣刀切削部分常用的材料有高速工具钢和硬质合金两大类。

1）高速工具钢。高速工具钢简称高速钢，热处理后硬度可达 63~70HRC，热硬性温度达 550~600℃（在 600℃高温下硬度为 47~55HRC），具有较好的切削性能，切削速度一般为 16~35m/min。高速钢的强度较高，韧性也较好，能磨出锋利的切削刃（因此又俗称"锋钢"），且具有良好的工艺性，能锻造，容易加工，是制造铣刀的良好材料。一般形状较复杂的铣刀都是采用高速钢制造的。切削部分材料为高速钢的铣刀有整体式和镶齿式两种结构。

2）硬质合金。硬质合金是将高硬度难熔的金属碳化物（如 WC、TiC、TaC、NbC 等）的粉末，用钴、钼或钨作为黏结剂，通过粉末冶金的方法制成的。它的硬度很高，常温下硬度可达 74~82HRC，热硬性温度高达 900~1000℃，耐磨性好，因此切削性能远超过高速钢。但其韧性较差，承受冲击和振动的能力差，切削刃不易磨得非常锋利，低速时切削性能差；加工工艺性较差。

硬质合金多用于制造高速切削用铣刀，铣刀大都不是整体式的，而是将硬质合金刀片以焊接或机械夹固的方式镶装于铣刀刀体上。

二、铣削运动及切削用量

1. 铣削运动

铣削时工件与铣刀的相对运动称为铣削运动，它包括主运动和进给运动。

主运动是切除工件表面多余材料所需的最基本的运动，是指直接切除工件上的待切削层，使之转变为切屑的主要运动。主运动是消耗机床功率最多的运动，铣削运动中铣刀的旋转是主运动。

进给运动是使工件切削层材料相继投入切削，从而加工出完整表面所需的运动。铣削运动中，工件的移动或回转、铣刀的移动等都是进给运动。

2. 切削用量

铣削时的切削用量包括铣削速度 v_c、进给量 f、背吃刀量 a_p 和侧吃刀量 a_e。

铣削时合理地选择切削用量，对保证零件的加工精度与加工表面质量、提高生产率、提高铣刀的使用寿命、降低生产成本有重要的影响。

（1）铣削速度 v_c　铣削时铣刀切削刃上的选定点相对于工件的主运动的瞬时速度称为铣削速度，铣削速度的选择取决于切削材料和工件材料。铣削速度可以简单地理解为切削刃上选定点在主运动中的线速度，即切削刃上与铣刀轴线距离最大的点在 1min 内所经过的路程。铣削速度的单位是 m/min。

铣削速度与铣刀直径、铣刀或铣床主轴转速有关，计算公式为

$$v_c = \frac{\pi dn}{1000} \tag{13-1}$$

式中　v_c——铣削速度（m/min）；

　　　d——铣刀直径（mm）；

　　　n——铣刀或铣床主轴转速（r/min）。

铣削时，根据工件的材料、铣刀切削部分的材料、加工阶段的性质等因素确定铣削速度，然后根据所用铣刀的规格（直径），按式（13-2）计算并确定铣床主轴的转速。

$$n = \frac{1000v_c}{\pi d} \tag{13-2}$$

铣削速度的选择比较复杂，可以从以下几个因素去考虑。

1）铣刀的耐热性能。铣刀材料的高温切削强度和铣刀在一次铣削中的时间长短都和铣削时产生的热量有关。因此选择铣削速度时，首先要考虑铣刀的耐热性能。

2）工件材料的硬度、强度和可加工性。工件材料越硬，强度越大，铣削加工就越困难，产生的铣削热量也就越多，所以工件硬度高时，铣削速度应选择小一些。工件材料的可加工性可用铣削过程中刀具所受到阻力的大小来评价，在选择铣削速度时同样不能忽视。

3）工件表面精度要求。铣削时铣床总会产生振动，铣削速度越高，进给量越大，产生的振动就越大。铣削表面精度要求不高的工件时，铣削速度可以稍大些，但必须考虑铣床的动力和刀具强度。

4）铣削宽度、铣削深度以及铣刀寿命都对铣削速度的选择有很大影响，在选择时必须加以注意。

（2）进给量 f　刀具（铣刀）在进给运动方向上相对工件的单位位移量称为进给量。铣削时的进给量根据具体情况的需要，有三种表述和度量的方法。

1）每转进给量 f。铣刀每回转一周在进给运动方向上相对工件的位移量，单位为 mm/r。

2）每齿进给量 f_z。铣刀每转中每一刀齿在进给运动方向上相对工件的位移量，单位为 mm/z。

3）进给速度（又称每分钟进给量）v_f。切削刃上选定点相对工件进给运动的瞬时速度称为进给速度，也就是铣刀每回转 1min，在进给运动方向上相对工件的位移量，单位为 mm/min。

三种进给量的关系为

$$v_f = fn = f_z zn \qquad (13\text{-}3)$$

式中　v_f——进给速度（mm/min）；

$\quad\quad$ f——每转进给量（mm/r）；

$\quad\quad$ n——铣刀或铣床主轴转速（r/min）；

$\quad\quad$ f_z——每齿进给量（mm/z）；

$\quad\quad$ z——铣刀齿数。

选择进给量时应考虑铣刀刀齿的强度、铣刀杆的刚度、铣床夹具和工件系统的刚度、对工件表面粗糙度和精度的要求等方面的限制。粗铣时，进给量尽量大些；精铣时，根据对工件表面粗糙度的要求进给量可小些。

（3）背吃刀量 a_p　背吃刀量 a_p 是指在平行于铣刀轴线方向上测得的切削层的尺寸，单位为 mm。

（4）侧吃刀量 a_e　侧吃刀量 a_e 是指在垂直于铣刀轴线方向、工件进给方向上测得的切削层的尺寸，单位为 mm。

铣削时，由于采用的铣削方法和选用的铣刀不同，背吃刀量 a_p 和侧吃刀量 a_e 的表示也不同。图 13-5 所示为用圆柱形铣刀进行周铣与用面铣刀进行端铣时的背吃刀量与侧吃刀量。不难看出，不论是采用周铣还是端铣，侧吃刀量 a_e 都表示铣削弧深。因为不论使用哪一种铣刀铣削，其铣削弧深的方向均垂直于铣刀轴线。

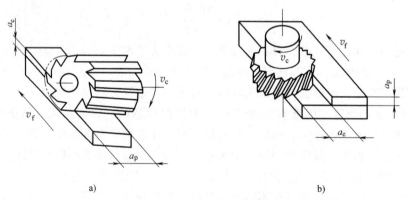

a)　　　　　　　　　　　　　　　　b)

图 13-5　周铣与端铣的铣削用量

a）周铣　b）端铣

第十四章

零件铣削加工

一、平面的加工

用铣削方法加工平面称为铣平面，铣平面是铣床加工的基本内容，也是进一步掌握铣削其他复杂表面的基础。

1. 铣平面的方法

在铣床上铣削平面的方法有周铣和端铣两种。

周铣是利用分布在铣刀圆柱面上的切削刃进行铣削并形成平面的。周铣平面主要用圆柱形铣刀在卧式铣床上进行，铣出的平面与铣床工作台台面平行。

端铣是利用分布在铣刀端面上的切削刃进行铣削并形成平面的，用端铣方法铣出的平面也有一条条刀纹，刀纹的粗细与工件进给速度的大小和铣刀转速的高低等因素有关。

2. 工件的装夹

在铣床上加工中小型工件时，一般多采用平口钳进行装夹；对于大、中型工件，则多采用直接在铣床工作台上用压板进行装夹。在成批、大量生产中，为提高生产率和保证加工质量，应采用专用铣床夹具装夹工件。为适应加工需要，可利用分度头和回转工作台等装夹工件。

（1）用平口钳装夹工件 平口钳是常用在铣床上装夹工件的附件。铣削一般长方体工件的平面、台阶面、斜面和轴类工件上的键槽时，都可以用平口钳装夹工件。平口钳如图14-1所示。

（2）用压板装夹工件 形状、尺寸较大或不便于用平口钳装夹的工件，常用压板压紧

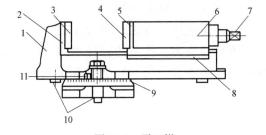

图 14-1 平口钳

1—钳体 2—固定钳口 3—固定钳口铁
4—活动钳口铁 5—活动钳口 6—活动钳身
7—丝杠方头 8—压板 9—底座
10—定位键 11—钳体零线

在铣床工作台上进行加工。采用压板装夹工件时，在卧式铣床上常用面铣刀进行铣削，如图14-2所示。

3. 铣削方式

铣削方式有顺铣与逆铣两种，如图14-3所示。

（1）顺铣 在铣刀与工件已加工表面的切点处，铣刀切削刃作用在工件上的力在进给方向的铣削分力与工件的进给方向相同的铣削方式称为顺铣。

（2）逆铣 在铣刀与工件已加工表面的切点处，铣刀切削刃作用在工件上的力在进给

方向的铣削分力与工件的进给方向相反的铣削方式称为逆铣。

顺铣时，铣刀对工件的作用力在垂直方向的分力始终向下，对工件起压紧作用，因此铣削时较平稳。切削刃切入工件时铣刀后刀面与工件已加工表面的挤压、摩擦小，故切削刃磨损小，加工出的工件表面质量高。切削刃从工件的外表面切去工件，因此当工件毛坯上有硬皮和杂质时容易磨损和损坏刀具。同时，由于沿进给方向的切削分力与进给

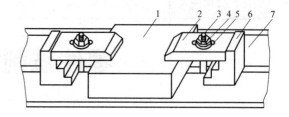

图 14-2　用压板装夹工件
1—工件　2—压板　3—T形螺栓
4—螺母　5—垫圈　6—台阶垫铁
7—工作台台面

方向相同，所以会拉动工作台。当工作台进给丝杠与螺母的间隙较大及轴承的间隙较大时，工作台会产生间歇性窜动，可能会使铣刀折断、铣刀杆弯曲、工件与夹具产生位移，甚至损坏铣床。

逆铣时，在铣刀中心进入工件后，切削刃沿已加工表面切入工件，毛坯表面有硬皮时对铣刀切削刃的影响小。进给方向的分力与工件的进给方向相反，铣削时不会拉动工作台。垂直铣削力在铣刀开始切削工件时是向上的，而且比较大，因此工件必须装夹牢固。由于垂直铣削力在切削过程中的方向会发生变化，铣刀和工件往往会产生振动，从而影响加工表面粗糙度值。切削刃切入工件时的切屑厚度由小到大，因此切入时铣刀后刀面与工件表面的挤压、摩擦严重，会加速刀齿磨损，降低铣刀的使用寿命；且工件加工表面会产生硬化层，降低工件表面的加工质量。

4. 铣平面的加工步骤

（1）确定铣削方法　粗加工时应选用粗齿铣刀，铣刀的直径视工件的切削层深度而定，切削层深度大，铣刀的直径也应选大些。精加工时应选用细齿铣刀，铣刀直径应选大些，因为其刀柄直径相应较大，刚性较好，铣削时平稳，能够保证加工表面的质量。

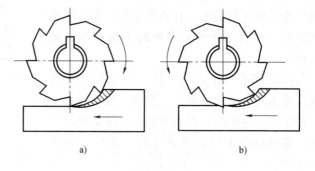

a)　　　　　　　　b)

图 14-3　铣削方式
a）顺铣　b）逆铣

（2）确定工件装夹方案　铣削中小型工件的平面时，一般采用机用虎钳装夹工件；铣削尺寸较大或不便于用机用虎钳装夹的工件时，可采用压板装夹。应按相应的要求和注意事项完成装夹。

（3）确定铣削用量

1）在粗加工时，若加工余量不大，可一次切除；精铣时，每次的切削深度要小一些。

2）端铣时的侧吃刀量和周铣时的背吃刀量一般与工件加工面的宽度相等。

3）粗铣时，每齿进给量要取大一些；精铣时，每齿进给量则应取小一些。

4）根据工件材料及铣刀切削刃材料等的不同，所采用的铣削速度也不同。

确定完以上内容以后，就可以操作铣床加工零件了。

5. 铣连接面

铣连接面是指铣垂直面或平行面，是铣工必须掌握的一项基本技能。在多数情况下，都要将毛坯进行平行六面体加工处理，为后续加工做好准备。矩形工件由六个平面组成，要求工件顶面与底面平行，侧面分别与底面垂直。由此可知，底面是各连接面的基准，所以应当先加工底面，其他各面的加工以底面为基准面。

6. 典型零件铣削实例

六面体零件图如图 14-4 所示，材料为 HT100，铣削加工数量为 10 件，故选用毛坯尺寸为 110mm×60mm×50mm（长×宽×高）的长方体铸件。

由零件图可知，零件加工尺寸分别为 $100_{-0.5}^{0}$ mm、$50_{-0.3}^{0}$ mm 及 $40_{-0.5}^{0}$ mm，B、C 面对 A 面的垂直度公差为 0.05mm，D 面对 A 面的平行度公差为 0.05mm，每边的加工余量为 5mm。

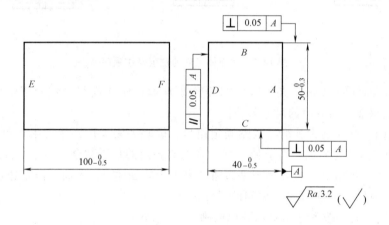

图 14-4 六面体零件图

（1）铣刀的选择 根据工件的毛坯尺寸，加工后表面粗糙度的 Ra 值为 3.2μm，工件材料为 HT100，加工数量少，故选用 80mm×63mm（外径×长度）的高速钢粗齿螺旋圆柱形铣刀，其内孔直径为 32mm。

（2）工件的安装 由于工件尺寸小，又是六面体，故选用规格为 100mm 的机床用平口钳。

（3）铣削用量的选择 根据刀具及工件材料和加工要求，选用的切削用量为：

粗铣 $v_c = 16\text{m/min}$，$a_e = 4.5\text{mm}$，$f_z = 0.1\text{mm/z}$。

精铣 $v_c = 20\text{m/min}$，$a_e = 0.5\text{mm}$，$f_z = 0.05\text{mm/z}$。

（4）工件在平口钳上的安装 工件安装前应调整平口钳的水平导轨面与工作台台面平行，固定钳口与工作台台面垂直并与工作台进给方向一致。六面体工件的铣削操作顺序如图 14-5 所示。

1）铣 A 面。以 B 面为粗基准，贴紧固定钳口。在水平导轨面上垫上平行垫铁，在活动钳口处放置圆棒夹紧，铣加工基准 A 面。

2）以 A 面为定位基准，铣 B 面和 C 面。

3）铣 D 面。以 A 面为基准，紧贴水平导轨面上的平行垫铁，平行垫铁必须有较好的平

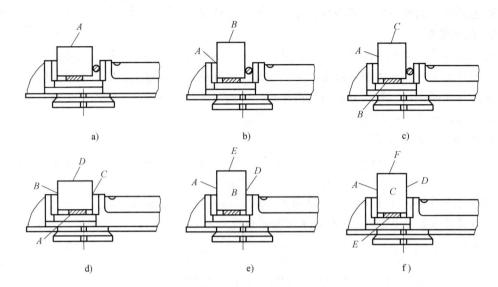

图 14-5　六面体工件的铣削操作顺序

行度与较小的表面粗糙度值。夹紧时用铜锤轻敲 D 面，使 A 面与垫铁紧密贴合。在加工 C 面与 D 面时应保证与相对面的尺寸公差。

4）铣 E 面。以 A 面为基准，紧贴固定钳口，轻轻夹紧工件，然后用直角尺找正 B 面，将直角尺短边与水平导轨面贴合，使工件 B 面与直角尺的长边贴合，夹紧工件后进行铣削。

5）铣 F 面。将加工完的 E 面与平口钳的水平导轨面贴合，A 面与固定钳口贴合，夹紧后铣 F 面，同时保证 F 面与 E 面之间的尺寸精度。

6）铣削完毕后，按零件图要求进行检测。

7. 平面铣削质量分析

平面的铣削质量主要由平面度和表面粗糙度来衡量，它不仅与铣削时所选用的铣床、夹具和铣刀的质量有关，还与铣削用量和切削液的合理选用等因素有关。

（1）影响平面度的因素

1）用周铣方式铣削平面时，圆柱形铣刀的圆柱度误差大。

2）用端铣方式铣削平面时，铣床主轴轴线与进给方向不垂直。

3）工件受夹紧力和铣削力的作用产生变形。

4）工件自身存在内应力，在表面层材料被切除后产生变形。

5）工件在铣削过程中，因铣削热引起热变形。

6）铣床工作台进给运动的直线性差。

7）铣床主轴轴承的轴向间隙和径向间隙大。

8）铣削时因条件限制，所用的圆柱形铣刀的宽度或面铣刀的直径小于工件被加工面的宽度，工件表面产生接刀痕。

（2）影响表面粗糙度的因素

1）铣刀磨损，刀具切削刃变钝。

2）铣削时进给量太大。

3）铣削时工件的切削深度（周铣时的侧吃刀量 a_e 或端铣时的背吃刀量 a_p）太大。

4）铣刀的几何参数选择不当。

5）铣削时选用的切削液不当。

6）铣削时有振动。

7）铣削时有积屑瘤产生，或有切屑粘刀现象。

8）在铣削过程中因进给停顿而产生"深啃"现象。

二、沟槽的加工

在机械加工中，台阶面、直角沟槽与键槽的铣削技术是生产各种零件的重要基础技术，由于这些部件主要应用在配合、定位、支承与传动等场合，故在尺寸精度、几何精度、表面粗糙度等方面都有较高的要求。图 14-6 所示为带台阶和沟槽的零件。

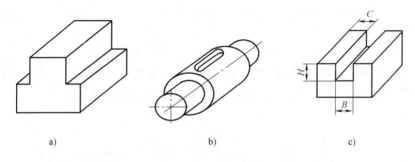

图 14-6 带台阶和沟槽的零件

a）台阶式键 b）带键槽的传动轴 c）直角通槽

大多数的台阶面和直角沟槽要与其他的零件相互配合，所以对它们的尺寸公差，特别是配合面的尺寸公差要求都会相对较高。在几何精度上，对台阶面和直角沟槽的侧面与基准面的平行度、双台阶对中心线的对称度都有要求，对斜槽和与侧面成一夹角的台阶面还有斜度的要求等。

1. 台阶面的铣削

零件上的台阶面通常可在卧式铣床上采用一把三面刃铣刀或组合三面刃铣刀铣削，或在立式铣床上采用不同切削刃数的立铣刀铣削。

（1）用三面刃铣刀铣台阶面 用三面刃铣刀铣台阶面如图 14-7 所示，这种方法适用于加工台阶面较小的零件，采用这种方法时应注意找正铣床工作台的零位，并找正机用虎钳。

用三面刃铣刀铣台阶面时，由于三面刃铣刀的直径较大，刀齿强度较高，便于排屑和冷却，能选择较大的切削用量，生产率高，加工精度好。

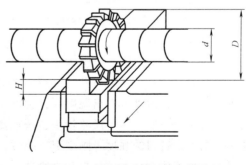

图 14-7 用三面刃铣刀铣台阶面

（2）组合铣刀铣台阶面 成批铣削双面台阶零件时，可用组合的三面刃铣刀。铣削时，选择两把直径相同的三面刃铣刀，用薄垫圈适当调整两把三面刃铣刀的内侧刃间距，并使此间距比图样要求的尺寸略大些；静态调好之后，还应进行动态试切，即在废料上试加工并检测凸台尺寸，直至符合图样尺寸要求。加工中还需经常抽检凸台尺寸，避免产生过多的废品。

（3）用立铣刀铣台阶面。铣削较深台阶或多级台阶时，可用立铣刀（主要有2齿、3齿、4齿）铣削，如图14-8所示。立铣刀周刃起主要的切削作用，端刃起修光作用。由于立铣刀的外径通常都小于三面刃铣刀，因此铣削刚度和强度较差，铣削用量不能过大，否则铣刀容易加大"让刀"导致的变形，甚至折断。

（4）用面铣刀铣台阶面　宽度较宽而深度较浅的台阶，常使用面铣刀在立式铣床上加工。面铣刀刀杆刚度大，铣削时切屑厚度变化小，切削平稳，加工表面质量好，生产率高。

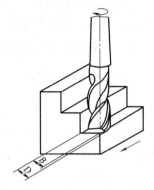

图 14-8　用立铣刀铣台阶面

2. 直角沟槽的铣削

直角沟槽有敞开式、半封闭式和封闭式三种，如图14-9所示。敞开式直角沟槽通常用三面刃铣刀加工；封闭式直角沟槽一般采用立铣刀或键槽铣刀加工；半封闭式直角沟槽则需根据封闭端的形式，采用不同的铣刀进行加工。

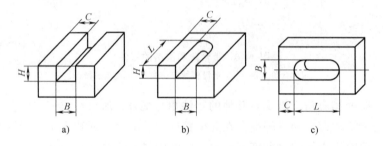

图 14-9　直角沟槽的形式
a）敞开式　b）半封闭式　c）封闭式

1）敞开式、半封闭式直角沟槽的铣削方法与铣削台阶面的方法基本相同。三面刃铣刀特别适宜加工较窄和较深的敞开式或半封闭式直角沟槽。对于槽宽尺寸精度较高的沟槽，通常选择小于槽宽的铣刀，采用扩大法分两次或两次以上铣削至要求尺寸。

2）封闭式直角沟槽一般都采用立铣刀或键槽铣刀加工，加工时应注意找正后的沟槽方向应与进给方向一致。立铣刀适宜加工两端封闭、底部贯通及槽宽精度要求较低的直角沟槽，如各种压板上的通槽等。由于立铣刀的端面切削刃不通过中心，因此加工封闭式直角沟槽时，要在起刀位置预钻下刀孔。立铣刀的强度及铣削刚度较差，容易产生"让刀"现象或折断，使槽壁在深度方向出现斜度，所以加工较深的槽时应分层铣削，进给量要比用三面刃铣刀铣削时小一些。对于尺寸较小、槽宽要求较高及深度较浅的封闭式直角沟槽，可采用键槽铣刀加工。铣刀的强度、刚度都较差时，应考虑分层铣削，分层铣削时应在槽的一端进给，以减小接刀痕迹。当采用自动进给进行铣削时，不能一直加工到头，必须预先停止，改用手动进给方式进给，以免铣削尺寸过大，造成报废。

3. 轴上键槽的铣削

轴上键槽主要有通槽、半通槽和封闭槽，如图14-10所示。键槽是要与键相互配合的，主要用于传递转矩，防止机构打滑。键槽宽度的尺寸精度要求较高，两侧面的表面粗糙度值要小，键槽与轴线的对称度也有较高的要求，键槽深度的尺寸精度一般要求不高。

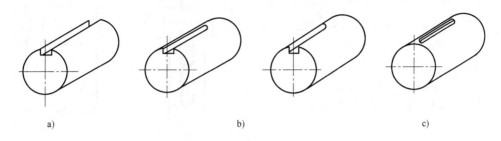

图 14-10 轴上键槽的形式

a) 通槽 b) 半通槽 c) 封闭槽

（1）工件的装夹 轴类工件的装夹，不仅要保证工件稳定可靠，还需保证工件的轴线位置不变，以保证轴上键槽的中心平面通过轴线。常用的装夹方法是用平口钳装夹工件（图 14-11）、用 V 形块装夹工件（图 14-12）或用分度头定心装夹工件（图 14-13）。

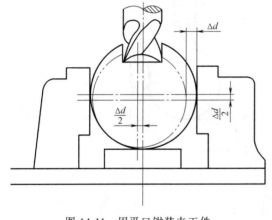

图 14-11 用平口钳装夹工件

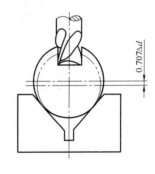

图 14-12 用 V 形块装夹工件

（2）铣刀的选择及其位置调整 铣削键槽的过程中，对铣刀的要求是较为严格的，它直接影响键槽的精度和表面粗糙度。通常，铣通槽时用三面刃盘形铣刀或切口盘铣刀；铣封闭槽时用立铣刀和键槽铣刀。为保证轴上键槽对称于工件轴线，必须调整铣刀的切削位置，使键槽铣刀的轴线或盘形槽铣刀的对称平面通过工件的轴线（俗称对中心），常用的调整方法有按切痕调整对中心（图 14-14）、侧面调整对中心（图 14-15）和用杠杆百分表调整对中心（图 14-16）等。

（3）轴上封闭键槽的铣削 轴上封闭键槽的铣削方法主要有分层铣削法和扩刀铣削法。

图 14-17 所示为分层铣削法，用这种方法加工时，每次的铣削深度只有 0.5～1mm，以较大的进给速度往返进行铣削，直至达到要求的深度尺寸。此加工方法的优点是铣刀用钝后，只需刃磨端面，铣刀直径不受影响；铣削时不会产生"让刀"现象。但在普通铣床上进行加工时，操作的灵活性不好，生产率反而比正常切削更低。

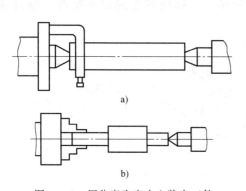

图 14-13　用分度头定中心装夹工件

a）用两顶尖装夹　b）用自定心卡盘与尾座顶尖装夹

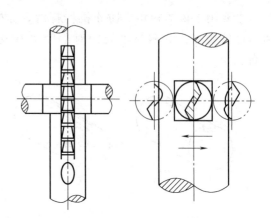

图 14-14　按切痕调整对中心

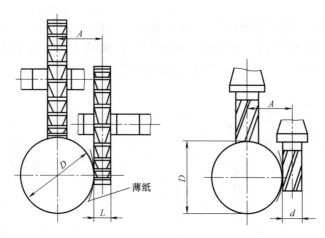

图 14-15　侧面调整对中心

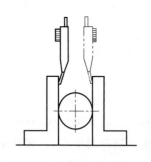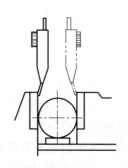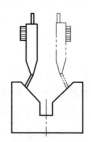

图 14-16　用杠杆百分表调整对中心

　　图 14-18 所示为扩刀铣削法。将选择好的键槽铣刀外径磨小 0.3～0.5mm（磨出的圆柱度要好）。铣削时，在键槽的两端各留 0.5mm 的加工余量，分层往复进给铣削至要求的深度尺寸，然后测量槽宽，确定宽度的加工余量，用符合键槽尺寸的铣刀由键槽的中心对称扩铣槽的两侧至要求的尺寸，并同时铣至键槽要求的长度。铣削时注意保证键槽两端圆弧的圆度。这种铣削方法容易产生"让刀"现象，使键槽侧壁产生斜度。

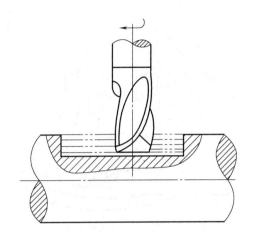

图 14-17　分层铣削法

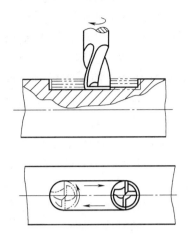

图 14-18　扩刀铣削法

三、特形沟槽的加工

在机械制造和传动技术领域中，特形沟槽的应用是十分广泛的，常见的特形沟槽有 V 形槽、T 形槽、燕尾槽和半圆键槽等。特形沟槽一般用切削刃形状与沟槽形状相应的铣刀铣削。

1. V 形槽的铣削

V 形槽结构特殊，应用非常广泛，在许多夹具上都采用 V 形槽来定位工件，有些机床上还采用 V 形槽导轨。精度不高的 V 形槽常采用铣削方式加工，精度较高的 V 形槽在铣削后还需采用磨削等方式精加工。V 形槽的夹角有 90°、120° 和 150° 等几种。由于 V 形槽一般用来支承轴类零件并对工件进行定位，因此其对称度与平行度要求较高，这是加工 V 形槽时需要保证的重要精度。

使用铣刀加工 V 形槽之前，应先用锯片铣刀将槽中间的窄槽铣出，再选用合适的方法进行斜面的铣削，如图 14-19 所示。

窄槽的作用是当用角度铣刀铣 V 形槽时保护刀尖，使刀尖不易被损坏，同时使 V 形槽面与和其相配合的零件表面能够紧密贴合，如图 14-20 所示。V 形槽的加工方法如下。

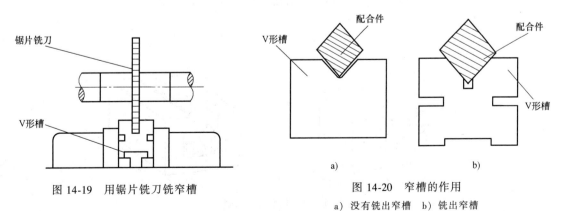

图 14-19　用锯片铣刀铣窄槽

图 14-20　窄槽的作用
a）没有铣出窄槽　b）铣出窄槽

1）倾斜立铣头铣 V 形槽。对于槽角大于或等于 90°且尺寸较大的 V 形槽，可在立式铣床上调转立铣头，用立铣刀或面铣刀铣削，如图 14-21 所示。铣 V 形槽时，铣削完一侧槽面后，将工件松开并调转 180°后重新夹紧，再铣削另一侧槽面；也可以将立铣头反方向调转角度后铣削另一侧槽面。

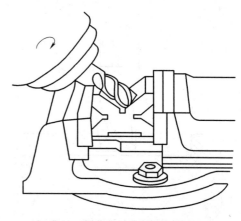

2）倾斜工件铣 V 形槽。对于槽角大于 90°且精度要求不高的 V 形槽，可以按划线找正 V 形槽的一侧槽面，使之与工作台台面平行后夹紧工件，铣削完一侧槽面后，重新找正另一侧槽面并夹紧工件，铣削槽面，如图 14-22 所示。

图 14-21　倾斜立铣头铣 V 形槽

槽角等于 90°且尺寸不太大的 V 形槽，可以一次找正装夹铣削成形。

3）用对称双角度铣刀铣 V 形槽。对于槽角小于或等于 90°的 V 形槽，一般采用与其槽角相同的对称双角度铣刀在卧铣床上铣削，如图 14-23 所示。

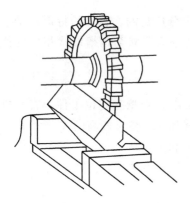

图 14-22　倾斜工件铣 V 形槽

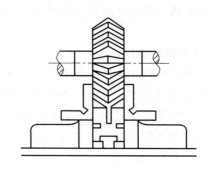

图 14-23　用对称双角度铣刀铣 V 形槽

2. T 形槽的铣削

T 形槽在机器零件上应用广泛，如铣床工作台台面上用来定位和紧固分度头、机用虎钳等夹具或直接安装工件的槽就是 T 形槽。T 形槽一般可在铣床和刨床上进行加工。T 形槽的铣削如图 14-24 所示。

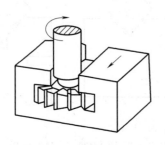

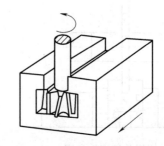

图 14-24　T 形槽的铣削

T形槽由直槽和底槽组成，根据使用要求的不同分为基准槽和固定槽。基准槽的尺寸精度和几何精度要求比固定槽的高。

T形槽的加工方法如下。

1）铣直角槽。铣直角槽可以在卧式铣床上用三面刃盘形铣刀或在立式铣床上用立铣刀加工。铣刀安装好后，摇动工作台，使铣刀对准工件毛坯上的划线，并紧固防止工作台横向移动的手柄。开始铣削时，采取手动进给，铣刀全部切入工件后，再用自动进给进行铣削，铣出直角槽，如图14-25所示。

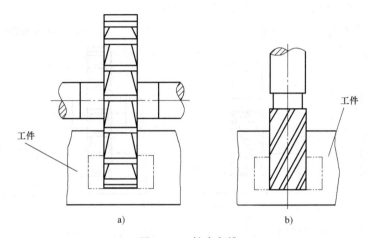

图 14-25　铣直角槽
a）用三面刃盘形铣刀铣直角槽　b）用立铣刀铣直角槽

2）铣T形槽底。选择合适的T形槽铣刀铣T形槽底，如图14-26所示。铣削过程中要充分使用切削液，注意及时排除切屑，防止切屑堵塞，造成刀具折断。

3）槽口倒角。利用角度铣刀铣槽口倒角如图14-27所示。

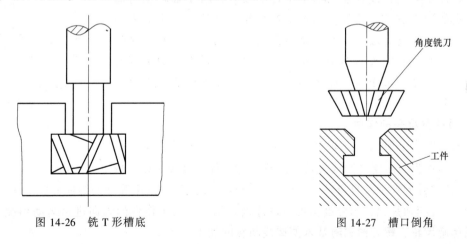

图 14-26　铣 T 形槽底　　　　　　　图 14-27　槽口倒角

3. 铣燕尾槽

燕尾槽是在机械零部件连接中广泛采用的一种结构，常用来作为机械移动部件的导轨。燕尾槽分为内燕尾槽和外燕尾槽，它们是相互配合使用的，如图14-28所示，其角度、宽度和深度都有较高的精度要求，对燕尾槽上斜面的平面度要求也较高，且表面粗糙度 *Ra* 值要小。精度要求较高的燕尾槽导轨在铣削后还需经过磨削、刮削等精密加工。燕尾槽的角度有 45°、50°、55° 和 60° 等多种，实际应用中一般采用 55°。

燕尾槽的加工方法如下。

1）在卧式铣床上用三面刃盘形铣刀或在立式铣床上用立铣刀铣削出直角槽，如图 14-29 所示。凹凸直角宽度应按图样的要求进行铣削，深度应留有 0.3~0.5mm 的加工余量，等到加工燕尾时将此加工余量一起铣掉，以避免产生接刀痕。

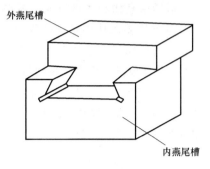

图 14-28 内燕尾槽和外燕尾槽

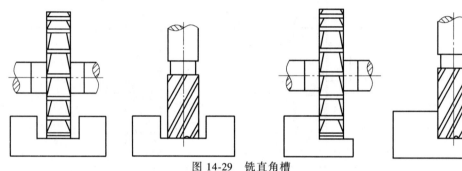

图 14-29 铣直角槽

2）在立式铣床上用燕尾槽铣刀铣出燕尾槽或燕尾，如图 14-30 所示。

四、分度头及其使用

分度头的作用是将被加工工件分成所需要的若干等份，并能进行直线移距分度，或者根据加工工件的需要，将主轴转至与基面在一定范围内成某一角度。通过交换齿轮，可使分度头的主轴随纵向工作台的进给运动做连续旋转，用以铣削螺纹线和等速凸轮的轮缘表面。分度头的类型有很多，其中应用最广泛的是万能分度头。万能分度头作为铣床上的重要附件，在铣削加工中得到了广泛的应用。

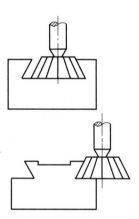

图 14-30 铣燕尾槽

1. 万能分度头的作用

万能分度头一般安装在铣床的工作台上，被加工工件支承在分度头主轴顶尖与尾座之间或夹持在卡盘上。万能分度头可以完成下列工作。

1）使工件周期地绕自身轴线回转一定角度，完成等分或不等分的圆周分度工作。

2）通过交换齿轮，由分度头使工件连续转动，并与工作台的纵向进给运动相配合，用来完成螺旋齿轮、螺旋槽和阿基米德螺线凸轮的加工。

3）用分度头上的卡盘夹持工件，使工件轴线相对于铣床工作台倾斜一定角度，以加工与工件轴线相交成一定角度的平面、沟槽等。

2. 万能分度头的结构

万能分度头的外形结构如图 14-31 所示。

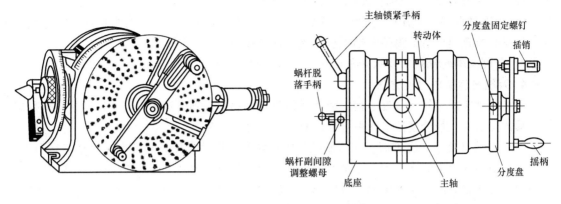

图 14-31　万能分度头的外形结构

1）底座。底座是分度头的本体，大部分零件都装在底座上。底座下面的凹槽内装有定位键，用于在安装时保证与铣床工作台的定位精度。

2）分度头主轴。分度头主轴可绕轴线旋转，它是一根空心轴，前后两端均有莫氏 4 号的锥孔。前锥孔用来安装顶尖，其外部有一段定位锥体，用来安装自定心卡盘的连接盘；后锥孔用来安装交换齿轮轴，以便安装交换齿轮。

3）分度盘。分度盘是主要分度部件，安装在分度手柄的轴上。其上均匀分布有数个同心圆，各个同心圆上分布着不同数目的小孔，作为各种分度计算和实施分度的依据。由于型号不同，分度头配备的分度盘数量也不同。

4）分度盘固定螺钉。当需要分度盘转动或固定时，可以通过松开或插上分度盘固定螺钉来实现。

5）转动体。转动体安放在底座中，它可以绕主轴轴线回转。

6）主轴锁紧手柄。主轴锁紧手柄的作用是分度后固定主轴位置，减小蜗杆和蜗轮承受的切削力，减小振动，以保证分度头的分度精度。

7）蜗杆脱落手柄。蜗杆脱落手柄用来控制蜗杆和蜗轮间的啮合和脱开。

8）蜗杆副间隙调整螺母。蜗杆副间隙调整螺母的作用是调整、蜗杆副的轴向间隙，以保证分度的准确性。

3. 万能分度头的正确使用和维护

万能分度头是铣床上较精密的附件，在使用中必须注意维护。使用时应注意以下几个方面。

1）经常擦洗干净，按照要求定期加油润滑。

2）万能分度头内的蜗轮和蜗杆间应该有一定的间隙，这个间隙保持在 0.02～0.04mm 范围内。

3）在用万能分度头装夹工件时，要先锁紧分度头主轴，但在分度前，要把主轴锁紧手柄松开。

4）调整分度头主轴的角度时，应先检查底座上部靠近主轴前端的两个内六角圆柱头螺钉是否紧固，若松动会使主轴的"零位"位置变动。

5）分度时，分度手柄上的插销应对正孔眼，慢慢地插入孔中，不能让插销自动弹入孔中，否则，久而久之，孔眼周围会产生磨损，而加大分度中的误差。

6）分度过程中，当摇柄转过预定孔的位置时，必须把摇柄向反方向多摇些，消除蜗轮和蜗杆间的配合间隙后，再使插销准确地落入预定孔中。

7）分度头的转动体需要扳转角度时，要松开紧固螺钉，严禁敲击。

4. 万能分度头的分度方法

万能分度头通过转动分度手柄，驱动圆柱齿轮副和蜗杆副转动来实现主轴的转动分度动作。具体方法有直接分度法、简单分度法和差动分度法三种。

（1）直接分度法　分度时，先将蜗杆与蜗轮脱开，用手直接转动分度头主轴进行分度。分度头主轴的转角由装在分度头主轴上的刻度盘和固定在壳体上的游标读出。分度完毕后，应用锁紧装置将分度头主轴紧固，以免加工时转动。该方法往往适用于分度精度要求不高、分度数目较少（等分数为 2、3、4、6）的场合。

（2）简单分度法　在万能分度头内部，蜗杆是单线的，蜗轮为 40 齿。分度时，转动分度手柄，蜗杆和蜗轮就旋转。当分度手柄（蜗杆）转 40 周，蜗轮（工件）转一周，即传动比为 40：1，"40" 称为分度头的定数。

分度前，应先将分度盘用锁紧螺钉固定，通过分度手柄的转动，使蜗杆带动蜗轮旋转，从而带动主轴和工件转过一定的度（转）数。

（3）差动分度法　当工件的等分数 n 和 40 不能相约或工件的等分数和 40 相约后，分度盘上没有所需的孔圈数时，可采用差动分度法。差动分度法就是在分度时，分度手柄和分度盘同时顺时针或逆时针转动，通过它们之间的转数差来实现分度。

为了使分度手柄和分度盘同时转动，需要在分度头主轴后锥孔处和侧轴上都安装交换齿轮 z_1、z_2、z_3、z_4，如图 14-32 所示。

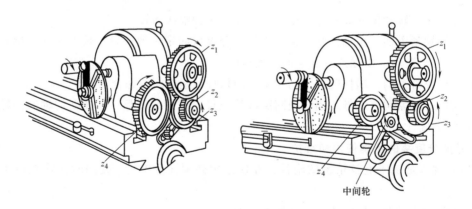

图 14-32　差动分度

第十五章

产品检测

产品检测是指用工具、仪器等分析方法检查各种原材料、半成品、成品是否符合特定的技术标准、规格的工作过程。检测过程即对产品或工序过程中的实体进行度量、测量、检查和实验分析，并将结果与规定值进行比较和确定是否合格。

一、检测技术

1. 检测技术基本概念

检测就是通过测量手段对工件产品的现有特征（尺寸、形状或表面材质等）及所要求的特征是否符合技术要求的一种判断过程。

（1）检测类型　检测类型分为主观检测和客观检测，如图 15-1 所示。

1）主观检测是指检测者不借助检测装置进行的检测，例如通过目测检验和手触摸检验，确定受检工件是否达到所允许的毛刺状态和表面粗糙度值要求。

2）客观检测是指借助检测装置所进行的检测，检测工具如测量仪器和量规等。

（2）检测装置（图 15-2）　检测装置可以分为三类：检测仪表、量规和辅助装置。

非显示性整体量具的检测仪表和量规是通过刻度线间距（画线尺寸）、物体的固定间距（量块、量规）或通过物体的角度位置（角度量块）体现检测量的。而显示

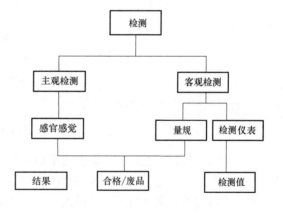

图 15-1　检测类型

性检测仪表则具有活动的标记（指针、游标）、活动的刻度或计数装置，其检测值可以直接读取。

量规体现被测工件的尺寸或尺寸和形状。

辅助装置有检测支架和 V 形架等。

2. 测量

测量的实质是将被测量与作为计量单位的标准量进行比较，从而确定被测量相对计量单位的倍数的过程。一个完整的测量过程应包括测量对象、计量单位、测量方法和测量精度四个方面。测量的基本要素如图 15-3 所示。

a)   b)   c)

图 15-2   检测装置

a）量尺（整体量具）   b）角度尺（显示性检测仪表）   c）直角尺（量规）

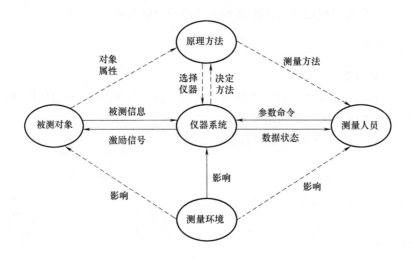

图 15-3   测量的基本要素

（1）测量方法　测量方法是指测量时采用的测量原理、测量器具和测量条件的综合，在实际工作中，往往是指获得测量的方式。测量方法可从不同角度进行分类。

1）按测量手段和获得测量结果的方法的不同进行分类。

① 直接测量：指直接从计量器具获得被测量的量值的测量方法。

② 间接测量：有的被测量无法或不便于直接测量，但可以根据某些规律找出被测量与其他几个量的函数关系。这就要求在进行测量时，首先对与被测物理量有确定函数关系的几个量进行测量，然后将测量值代入函数关系式，经过计算得到所需的结果，这种方法称为间接测量。

2）按实测量是否是被测量的整个量值分类。

① 绝对测量。绝对测量是能由计量器具的读数装置读出被测量的整个量值的测量方法，如用游标卡尺、千分尺测量轴径。

② 相对测量。相对测量是指计量器具的示值仅表示被测量相对已知标准量的偏差，而被测量的量值为计量器具的示值与标准量的代数和的测量方法。

一般来说，相对测量的测量精度比绝对测量的测量精度高。

3）按测量时计量器具的测量头与被测表面之间是否有机械作用分类。

① 接触测量。仪器的测量头与零件的被测表面直接接触，并有机械作用的测量力存在，如用游标卡尺、千分尺进行测量。

② 非接触测量。仪器的传感部分与零件的被测表面不接触，没有机械的测量力存在，如用光切显微镜测量表面粗糙度值。

（2）测量误差　在测量过程中，由于对客观规律认识的局限性、计量器具不准确、测量手段不完善、测量条件发生变化及测量工作中的疏忽或错误等原因，使测量值与被测零件的实际值（真值）不同。测量值与被测量真值之差称为测量误差。

引起测量误差的主要原因如下。

1）测量装置误差。测量装置本身所具有的误差，又称系统误差。由于设计、制造、检定等的不完善，以及计量器具在使用过程中元器件老化、机械部件磨损、疲劳等因素而使计量器具有误差。

2）环境误差。由于实际环境条件与规定条件不一致所引起的误差称为环境误差。任何测量总是在一定的环境里进行的，因此要特别注意测量的环境条件。

3）方法误差。测量方法不完善引起的误差称为方法误差。测量时所依据的理论不严密，操作不合理，用近似公式或近似值计算测量结果等引起的误差都是方法误差。方法误差如图 15-4 所示。

4）人员误差。测量人员的主观因素和操作技术所引起的误差称为人员误差。人员误差示例如图 15-5 所示。

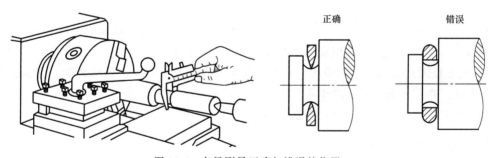

图 15-4　卡尺测量正确与错误的位置

标准温度 20℃时，工件、测量仪器和量规应处于规定的公差范围之内。

（3）误差的种类

1）系统性误差。系统性误差是因恒定的误差因素引起的，误差因素常为温度、检测力、检测卡规的半径或不精确的刻度等。系统误差按取值特征的不同分为定值系统误差和变值系统误差两种。

从理论上讲，当测量条件一定时，系统误差的大小和符号是确定的，因而也是可以被消除的。但在实际工作中，系统误差不一定能够被完全消除，只能减小到一定程度。根据系统误差被掌握情况的不同，可分为已定

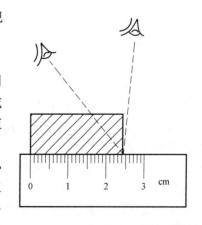

图 15-5　因视差产生的误差

系统误差和未定系统误差两种。

已定系统误差是指符号和绝对值均已确定的系统误差。对于已定系统误差，应予以消除或修正，即将测得值减去已定系统误差作为测量结果。例如，0~25mm 千分尺两侧面合拢时读数没有对准零位，而是 +0.005mm，用此千分尺测量零件时，每个测量值都将大 0.005mm。此时可用修正值-0.005mm 对每个测量值进行修正。

未定系统误差是指符号和绝对值未经确定的系统误差。对于未定系统误差，应在分析原因、发现规律或采用其他手段的基础上估计误差可能出现的范围，并尽量减少或消除。

2）偶然性误差。偶然性误差无法用量和方向来解释，其产生的因素可能是未知的、变动的检测力和温度等。

在相同条件下多次测量同一量值时，误差的绝对值和符号以不可预知的方式变化着，但误差出现的整体是服从统计规律的，这种类型的误差叫随机误差。

系统性误差将造成测量值不正确，但如果已知误差的量和符号（+或-），则可以予以补偿。

偶然性误差造成测量值不正确，且未知的、偶然出现的误差无法补偿。

（4）相同条件下重复检测的操作规则　在同一工件上对同一检测量如直径进行多次重复检测时，应连续进行。重复检测过程中，检测装置、检测方法、检验员和环境条件等均不允许改变。

如果圆度误差或圆柱度误差并未影响检测数值的精度，则必须始终在同一检测点（必要时做出标记）进行检测。通过对比检测，可确定系统性误差；通过重复检测，可确定偶然性误差。

（5）检测要点

1）合理选用测量基准。测量基准应尽量与设计基准、工艺基准重合。在任选基准时，要选用精度高、能保证测量时稳定可靠的部位作为测量基准。

2）表面检测。机械零件的破坏，一般总是从表面层开始的。产品的性能，尤其是可靠性和耐久性，在很大程度上取决于零件表面层的质量。

3）检测尺寸公差。测量时应尽量采用直接测量法，因为直接测量法比较简便、直观。

二、常用检测量具

量具是测量零件的尺寸、角度、形状精度和位置精度等所用的测量工具。

1. 量块

量块一般都用铬锰钢或其他线膨胀系数小、不易变形且耐磨的材料制成。其形状多为长方形六面体，少数为圆柱体。

如图 15-6 所示，量块可用来检定、校对和调整量具和量仪，也可直接用于检测零件或用于加工中的精密划线和精密机床的调整等。

量块有两个相互平行的测量面，测量面的表面粗糙度和平面度要求都很高。两测量面之间的距离为量块的工作尺寸。由于量块测量面的平面度和平行度误差对工作尺寸有影响，故规定量块的工作尺寸按中心长度来定义。中心长度为一个测量面的中心到与量块另一个测量面相贴合的平行平面的垂直距离，如图 15-7 所示。

为满足不同用途对量块精度的不同要求，量块按其制造精度，即中心长度对其公称尺寸的极限偏差，分为 0、1、2、3、4 共五个等级，其中 0 级精度最高，4 级精度最低。按其检

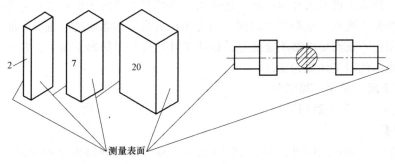

图 15-6　量块

定精度，即中心长度极限偏差的不同，可分为 1、2、3、
4、5、6 共六个等级，1 级精度最高，6 级精度最低。不
同等级的量块，要按规定的方法以高一等级的量块为基
准来检定，以获得实际尺寸偏离公称尺寸的修正值。

　　量块按等级使用时，所依据的是刻在量块上的公称
尺寸，即把公称尺寸作为工作尺寸，而忽略了量块尺寸
的制造误差。因此，使用精度受其制造精度（中心长度
允许偏差）的影响。

　　使用时，两块量块的测量面在少许压力下相互推合
后，即可牢固地贴在一起，按使用要求的尺寸将若干块
量块组成量块组，大大地扩大了量块的实际使用价值和
应用范围。

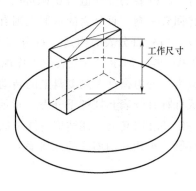

图 15-7　量块的工作尺寸

2. 极限量规

　　（1）塞规　常用塞规如图 15-8 所示。在每个塞规上，都有两个测量面，即通端和止端。
塞规的通端是按照被测工件尺寸的下极限尺寸制造的，而止端是按照被测工件的上极限尺寸
制造的，所以工件的合格尺寸介于通端和止端尺寸之间。在测量中若通端在被测量处能通
过，而止端不能通过，则被测工件合格；若通端不能通过，说明被测量处还有加工余量；若
止端能顺利通过，说明加工过量，被加工工件已成为废品。

　　（2）卡规　常用卡规如图 15-9 所示，卡规同样有通端和止端两个测量面。卡规的通端

图 15-8　常用塞规

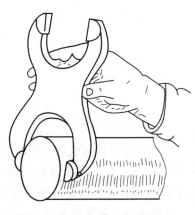

图 15-9　常用卡规

是按照被测工件的上极限尺寸制造的，止端是按照被测工件的下极限尺寸制造的。因此，工件的合格尺寸介于通端与止端尺寸之间。当通端在被测量处能通过而止端不能通过时，则被测量工件合格；若在测量中都不能通过，说明工件还有一定的加工余量；若都能通过，说明工件尺寸过小，此时工件成为废品。

3. 游标卡尺（见车工篇部分）

4. 千分尺（见车工篇部分）

5. 百分表

百分表是一种指示式量具，如图 15-10 所示。百分表是利用齿条齿轮或杠杆齿轮传动，将测量杆的直线位移变为指针的角位移的计量器具，主要用于测量零件的尺寸和几何误差等。百分表的分度值为 0.01mm，表盘圆周有 100 条等分刻线。因此，测量杆移动 1mm，指针回转一圈。百分表的示值范围有 0~3mm、0~5mm 和 0~10mm 三种。

（1）百分表的构造　百分表主要由三部分组成，即表体部分、传动部分和读数部分，如图 15-11 所示。百分表的工作原理是将被测尺寸引起的测量杆微小直线移动经过齿轮传动放大，变为指针在刻度盘上的转动，从而读出被测尺寸的大小。如用杠杆代替齿条，则可制成杠杆百分表和杠杆千分表，其示值范围较小，但灵敏度较高。此外，它们的测量头可以在一定角度内转动，能适应不同方向的测量，且结构紧凑，适用于测量普通百分表难以测量的外圆、小孔和沟槽等的几何误差。

图 15-10　百分表

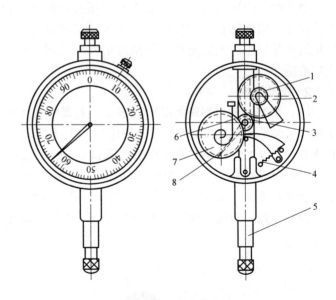

图 15-11　百分表的构造
1—小齿轮　2、7—大齿轮　3—中间齿轮　4—弹簧
5—测量杆　6—指针　8—游丝

（2）刻线原理与读数　如图 15-12 所示，百分表测量杆上齿条的齿距为 0.625mm，当测量杆上升 1mm 时，16 个齿的小齿轮 1 正好转过 1/10 周，与其同轴的 100 个齿的大齿轮 1 也转过 1/10 周，与大齿轮 1 啮合的 10 个齿的小齿轮 2 连同大指针就转过了 1 周。

由此可知，测量杆上升 1mm，大指针转过了 1 周。由于表盘上共刻有 100 个小格的圆周

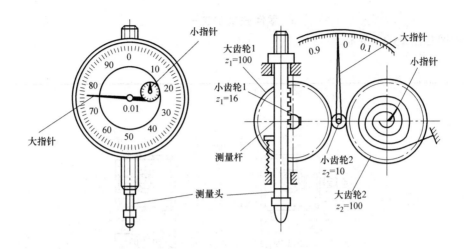

图 15-12　百分表的工作原理

刻线，因此大指针每转 1 个小格，表示测量杆移动了 0.01mm，故百分表的测量精度为 0.01mm。

（3）使用百分表的注意事项

1）百分表要安装在百分表架或磁性表架上使用，如图 15-13 所示。表架上的伸缩杆可以调节百分表的上下、前后和左右位置。

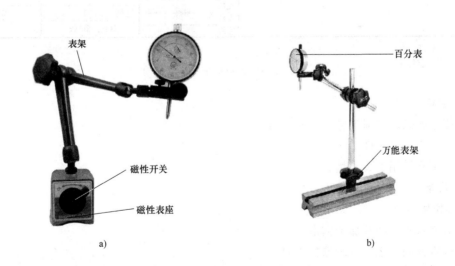

图 15-13　百分表的安装方法
a）安装在磁性表架上　b）安装在万能表架上

2）测量平面或圆形工件时，百分表的测量头应与平面或圆柱形工件的中心线垂直，否则百分表测量杆移动不灵活，测量的结果不准确。

3）测量杆的升降范围不宜过大，以减小由于存在间隙而产生的误差。

铣工综合训练

零件铣削加工一

零件图如图 15-14 所示。

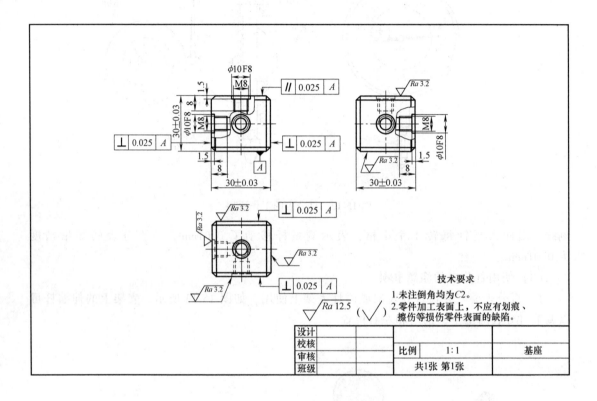

图 15-14　铣削加工零件一

学习目标

1）能合理确定铣削工艺并选择刀具。

2）能正确装夹工件。

3）能正确使用工具、量具。

知识准备

1. 操作要点

1）对铣床各注油孔加油润滑。

2）确定铣削工艺，合理选择刀具。

3）正确装夹工件，垫铁必须平整。

4）虎钳必须用百分表找正。

2. 注意事项

1）加工 30mm×30mm×30mm 立方体，分粗铣、精铣，粗铣留加工余量，再进行精铣，保证垂直度和平面度要求。

2）在铣床上钻孔孔必须定位，保证对称，钻 φ10mm、φ6.8mm 孔可一次装夹完成。

3. 工具、量具、刀具清单（表 15-1）

表 15-1 工具、量具、刀具清单（零件一）

序号	名称	规格	精度	数量
1	千分尺	25~50mm	0.01mm	1
2	游标卡尺	0~150mm	0.02mm	1
3	百分表	0~10mm	0.01mm	1
4	磁力表座			1
5	面铣刀	ϕ80mm		1
6	钻头	ϕ6.8mm		1
7	丝锥	M8		1
8	立铣刀	ϕ10mm		1
9	垫铁			1
10	铜锤			1
11	平锉刀			1

4. 推荐加工工艺（表 15-2）

表 15-2 推荐加工工艺（零件一）

序号	操作步骤	夹具和量具	刀具	切削用量
1	粗铣六面体，双边留1mm精加工余量	机用平口钳、游标卡尺、直角尺	面铣刀	$n=400\text{r/min}$ $v_f=108\text{mm/min}$ $a_p=3\sim5\text{mm}$
2	精铣六面体至要求尺寸	机用平口钳、V形块、高度尺	立铣刀（ϕ10mm）	$n=600\text{r/min}$ $v_f=100\text{mm/min}$ $a_p=0.3\sim0.5\text{mm}$
3	划线	机用平口钳、高度尺		
4	钻孔 4×ϕ6.8mm	机用平口钳	钻头（ϕ6.8mm）	$n=600\text{r/min}$ $f=0.2\text{mm/r}$
5	扩孔 ϕ10mm	机用平口钳	立铣刀（ϕ10mm）	$n=300\text{r/min}$ $v_f=100\text{mm/min}$ $a_p=0.3\sim0.5\text{mm}$
6	攻螺纹 M8	机用平口钳	丝锥（M8）	
7	检测	机用平口钳		

5. 零件加工评价（表 15-3）

表 15-3 零件加工评价表（零件一）

编号	位置	特征	公差	考生检测结果			成品质量检测			评分记录	
				实际尺寸	特征符合		实际尺寸	特征符合		检测得分	质量得分
					是	否		是	否		

零件铣削加工二

零件图如图 15-15 所示。

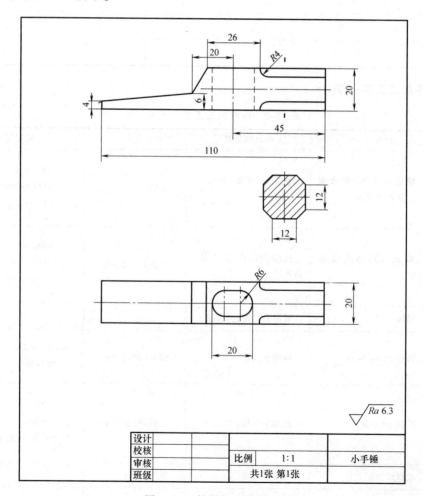

图 15-15　铣削加工零件二

学习目标

1）了解铣床的构造及加工原理。

2）熟练操作铣床，合理选择切削用量。

3）掌握工件的正确装夹方法。

4）刀具的选择及安装。

5）完成平面、斜面和孔的加工。

知识准备

1. 操作要点

1）毛坯准备。

2）划线工具准备。

3）找正。

4）铣床润滑。

5）装夹工件。

2. 注意事项

1）操作时做好安全检查及防护。

2）严格遵守操作规程，并注意清洁保养铣床设备。

3. 工具、量具、刀具清单（表 15-4）

表 15-4　工具、量具、刀具清单（零件二）

序号	名称	规格	精度	数量
1	垫铁			1
2	铜锤			1
3	划针			1
4	样冲			1
5	游标卡尺	0~150mm	0.02mm	1
6	钢直尺			1
7	划线高度尺	300mm		1
8	面铣刀	ϕ80mm		1
9	键槽铣刀	ϕ12mm		1
10	立铣刀	ϕ20mm		1
11	百分表	0~10mm	0.01mm	1
12	磁力表座			1

4. 推荐加工工艺（表 15-5）

表 15-5　推荐加工工艺（零件二）

序号	操作步骤	夹具和量具	刀具	切削用量
1	找正	机用平口钳、百分表、磁力表座		

（续）

序号	操作步骤	夹具和量具	刀具	切削用量
2	粗铣四方面 22mm×22mm，双边留 1mm 精加工余量	机用平口钳、游标卡尺	面铣刀	$n=400r/min$ $v_f=108mm/min$ $a_p=2\sim3mm$
3	精铣四方面20mm×20mm	机用平口钳、游标卡尺	面铣刀	$n=400r/min$ $v_f=80mm/min$ $a_p=0.2\sim0.5mm$
4	铣端面，保证长度110mm	机用平口钳、游标卡尺	立铣刀	$n=300r/min$ $v_f=60mm/min$ $a_p=0.2\sim0.5mm$
5	划线	高度尺、划针、样冲		
6	通槽加工	机用平口钳、游标卡尺	键槽铣刀	$n=400r/min$ $v_f=60mm/min$ $a_p=0.3\sim0.5mm$
7	倒角	机用平口钳	立铣刀	$n=600r/min$ $v_f=108mm/min$ $a_p=0.3\sim0.5mm$
8	铣斜面	机用平口钳	面铣刀	$n=400r/min$ $v_f=80mm/min$ $a_p=0.3\sim0.5mm$
9	去毛刺		平板锉	

5. 零件加工评价（表 15-6）

表 15-6 零件加工评价表（零件二）

编号	位置	特征	公差	考生检测结果			成品质量检测			评分记录	
				实际尺寸	特征符合		实际尺寸	特征符合		检测得分	质量得分
					是	否		是	否		

零件铣削加工三

零件图如图 15-16 所示。

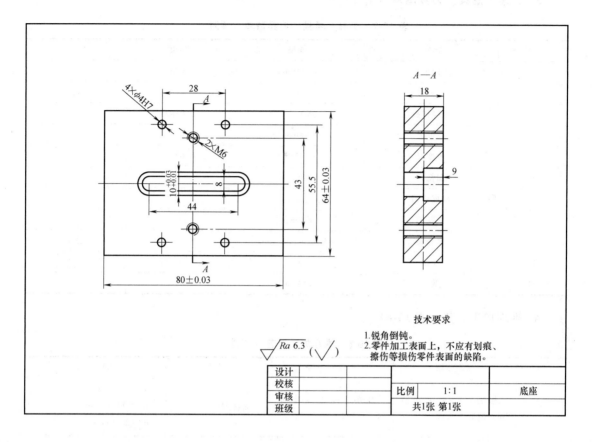

图 15-16　铣削加工零件三

学习目标

1）能够正确根据图样要求完成各相关尺寸、孔的划线。

2）根据划线，在铣床上通过刻度控制各孔的几何公差，完成孔的加工。

3）学会找正平面线、斜线、内腔尺寸线并加工形状复杂的工件。

知识准备

1．操作要点

1）详细阅读图样，根据图样要求制订加工工艺和加工工序。

2）根据加工工艺，合理选择铣刀、钻头和夹具。

3）准备相应的划线工具和校正盘。

4）用百分表找正机用平口虎钳。

5）按加工工艺要求完成零件的加工，达到要求尺寸。

2．注意事项

1）粗、精铣分开进行，且精铣时转速提高 30%，顺铣完成，以降低表面粗糙度值。

2）划线时要注意找正，用校正盘找正时找正样冲眼中心。

3）保证线平直。

3. 工具、量具、刀具清单（表 15-7）

表 15-7　工具、量具、刀具清单（零件三）

序号	名称	规格	精度	数量
1	游标卡尺	1~150mm	0.02mm	1
2	百分表	0~1mm	0.01mm	1
3	粗糙样板	N0~N1	0.01mm	1
4	高度尺	300mm		1
5	角度尺	0~250°	0.02mm	1
6	面铣刀	ϕ80mm		1
7	键槽铣刀	ϕ5mm		1
8	立铣刀	ϕ10mm		1
9	麻花钻	ϕ3.8mm、ϕ5.7mm		各1
10	丝锥	M6		1
11	铰刀	ϕ4mm		1

4. 推荐加工工艺（表 15-8）

表 15-8　推荐加工工艺（零件三）

序号	操作步骤	夹具和量具	刀具	切削用量
1	粗铣六面体，双边留1mm精加工余量	机用平口钳、游标卡尺、直角尺	面铣刀	$n=400$r/min $v_f=100$mm/min $a_p=2~3$mm
2	精铣六面体至要求尺寸	千分尺、机用平口钳、直角尺	面铣刀	$n=400$r/min $v_f=80$mm/min $a_p=0.2~0.5$mm
3	划线	高度尺、划针、划规		
4	铣直通槽	机用平口钳、游标卡尺	键槽铣刀(ϕ5mm)	$n=500$r/min $v_f=60$mm/min $a_p=0.3~0.5$mm
5	精铣直通槽	机用平口钳、游标卡尺	立铣刀(ϕ10mm)	$n=500$r/min $v_f=60$mm/min $a_p=0.3~0.5$mm
6	钻 2×M6 孔	机用平口钳	钻头(ϕ5.7mm)	$n=600$r/min $f=0.2$mm/r
7	钻 4×ϕ4H7 孔	机用平口钳	钻头(ϕ3.8mm) 铰刀(ϕ4mm)	$n=600$r/min $f=0.2$mm/r $n=100$r/min $f=0.1$mm/r
8	攻螺纹 M6(钳工)	机用平口钳	丝锥(M6)	
9	锐角倒钝			

5. 零件加工评价（表 15-9）

表 15-9　零件加工评价表（零件三）

编号	位置	特征	公差	考生检测结果			成品质量检测			评分记录	
				实际尺寸	特征符合		实际尺寸	特征符合		检测得分	质量得分
					是	否		是	否		

零件铣削加工四

零件图如图 15-17 所示。

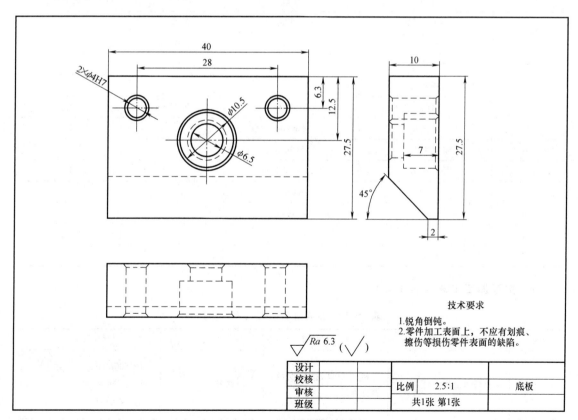

图 15-17　铣削加工零件四

学习目标

1）能够正确根据图样要求完成各相关尺寸、孔的划线。

2）根据划线，在铣床上通过刻度控制各孔的几何公差，完成孔的加工。

3）学会找正平面线、斜线、内腔尺寸线并加工形状复杂的工件。

知识准备

1. 操作要点

1）详细阅读图样，根据图样要求制订加工工艺和加工工序。

2）根据工艺，合理选择铣刀、钻头和夹具。

3）准备相应的划线工具和校正盘。

4）用百分表找正机用平口虎钳。

5）按工艺要求完成零件的加工，达到要求尺寸。

2. 注意事项

1）粗、精铣分开进行，且精铣时转速提高30%，顺铣完成，以降低表面粗糙度值。

2）划线时要注意找正，用校正盘找正时找正样冲眼中心。

3）保证线平直。

3. 工具、量具、刀具清单（表15-10）

表15-10 工具、量具、刀具清单（零件四）

序号	名称	规格	精度	数量
1	游标卡尺	0~150mm	0.02mm	1
2	百分表	0~10mm	0.01mm	1
3	粗糙样板	N0~N1	0.01mm	1
4	高度尺	300		1
5	角度尺	0~250°	0.02mm	1
6	面铣刀	$\phi80mm$		1
7	立铣刀	$\phi10mm$		1
8	麻花钻	$\phi6.5mm$、$\phi3.8mm$		1
9	铰刀	$\phi4mm$		1
10	锪钻	$\phi20mm$		1
11	镗刀			1
12	V形块			1

4. 推荐加工工艺（表15-11）

表15-11 推荐加工工艺（零件四）

序号	操作步骤	夹具和量具	刀具	切削用量
1	粗铣六面体	机用平口钳、角度尺、游标卡尺	面铣刀	$n=500r/min$ $v_f=108mm/min$ $a_p=2~3mm$
2	精铣六面体	机用平口钳、角度尺、千分尺	面铣刀	$n=500r/min$ $v_f=80mm/min$ $a_p=0.2~0.5mm$

（续）

序号	操作步骤	夹具和量具	刀具	切削用量
3	划线	工作台、高度尺样冲、锤子		
4	孔加工	机用平口钳	$\phi 6.5$mm 麻花钻	$n = 600$r/min $f = 0.2$mm/r
5	孔加工	机用平口钳	$\phi 10$mm 立铣刀	$n = 500$r/min $v_f = 60$mm/min $a_p = 0.3 \sim 0.5$mm
6	孔加工	机用平口钳	镗刀	$n = 300$r/min $v_f = 50$mm/min $a_p = 0.1 \sim 0.2$mm
7	孔 $2 \times \phi 4$mm 孔	机用平口钳	钻头($\phi 3.8$mm) 铰刀($\phi 4$mm)	$n = 600$r/min $f = 0.2$mm/r $n = 100$r/min $f = 0.1$mm/r
8	铣燕尾	机用平口钳、游标卡尺、V形块	面铣刀	$n = 500$r/min $v_f = 108$mm/min $a_p = 2 \sim 3$mm
9	倒角	机用平口钳	锪钻	
10	检测			

5. 零件加工评价（表15-12）

表15-12 零件加工评价表（零件四）

编号	位置	特征	公差	考生检测结果		成品质量检测		评分记录	
				实际尺寸	特征符合	实际尺寸	特征符合	检测得分	质量得分
					是 | 否		是 | 否		

零件铣削加工五

零件图如图15-18所示。

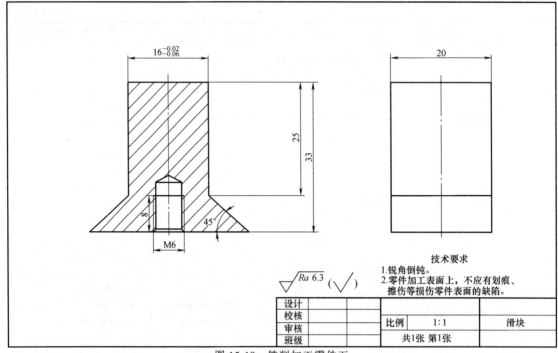

技术要求

1. 锐角倒钝。
2. 零件加工表面上，不应有划痕、擦伤等损伤零件表面的缺陷。

$\sqrt{Ra\,6.3}$ ($\sqrt{}$)

设计				
校核		比例	1:1	滑块
审核				
班级		共1张 第1张		

图 15-18　铣削加工零件五

学习目标

1）能够正确根据图样要求完成各相关位置的划线。

2）根据划线，在铣床上完成零件的加工。

3）学会找正平面线、斜线、内腔尺寸线并加工形状复杂的工件。

知识准备

1. 操作要点

1）详细阅读图样，根据图样要求制订加工工艺和加工工序。

2）根据加工工艺，合理选择铣刀、钻头和卡具。

3）准备相应的划线工具和校正盘。

4）用百分表找正机用平口虎钳。

5）按加工工艺要求完成零件的加工，达到要求尺寸。

2. 注意事项

1）粗、精铣分开进行，且精铣时转速提高30%，顺铣完成，以降低表面粗糙度值。

2）划线时要注意找正，用校正盘找正时找正样冲眼中心。

3）保证线平直。

3. 工具、量具、刀具清单（表15-13）

表 15-13　工具、量具、刀具清单（零件五）

序号	名称	规格	精度	数量
1	游标卡尺	0~150mm	0.02mm	1
2	百分表	0~10mm	0.01mm	1
3	粗糙样板	N0~N1	0.01mm	1

（续）

序号	名称	规格	精度	数量
4	高度尺	300		1
5	角度尺	0°~250°	0.02mm	1
6	面铣刀	$\phi80$mm		1
7	麻花钻	$\phi5.6$mm		1
8	丝锥	M6		1
9	锪钻			1

4. 推荐加工工艺（表 15-14）

表 15-14　推荐加工工艺（零件五）

序号	操作步骤	夹具和量具	刀具	切削用量
1	粗铣六面体 33.5mm× 20.5mm × 32.5mm，留 0.5mm 精加工余量	机用平口钳、游标卡尺、角度尺	面铣刀	$n=500$r/min $v_f=100$mm/min $a_p=2\sim3$mm
2	精铣 33mm × 20mm × 32mm，保证加工技术要求	机用平口钳、千分尺、角度尺	面铣刀	$n=500$r/min $v_f=80$mm/min $a_p=0.25$mm
3	划线	工作台、高度尺、样冲、锤子		
4	铣燕尾	机用平口钳、V 形块、游标卡尺	面铣刀	$n=600$r/min $v_f=108$mm/min $a_p=3$mm
5	钻孔	机用平口钳	$\phi5.6$mm 麻花钻	$n=600$r/min $f=0.2$mm/r
6	攻螺纹	机用平口钳	丝锥	
7	倒角	机用平口钳	锪钻	
8	检测			

5. 零件加工评价（表 15-15）

表 15-15　零件加工评价表（零件五）

编号	位置	特征	公差	考生检测结果			成品质量检测			评分记录	
				实际尺寸	特征符合		实际尺寸	特征符合		检测得分	质量得分
					是	否		是	否		

参 考 文 献

［1］ 陈望. 车工实用手册 ［M］. 北京：中国劳动社会保障出版社，2002.

［2］ 姬文芳. 机床夹具设计 ［M］. 北京：航空工业出版社，1994.

［3］ 徐洲，姚寿山. 材料加工原理 ［M］. 北京：科学出版社，2003.

［4］ 侯增寿，卢光熙. 金属学原理 ［M］. 上海：上海科学技术出版社，1990.

［5］ 乌尔里希·菲舍尔，等. 简明机械手册 ［M］. 云忠，杨放琼，译. 2 版. 长沙：湖南科学技术出版社，2013.

［6］ 约瑟夫·迪林格，等. 机械制造工程基础 ［M］. 杨祖群，译. 2 版. 长沙：湖南科学技术出版社，2013.